TRAITÉ PRATIQUE
DE LA CULTURE

DES DIFFÉRENTES ESPÈCES

DE BETTERAVES;

PROCÉDÉ POUR LES CONSERVER PAR LA DESSICCATION;

EMPLOI DE CETTE PLANTE

POUR LA FABRICATION DU SUCRE;

MOYENS D'EN EXTRAIRE UN SIROP

PROPRE A REMPLACER LE SUCRE DANS LES MÉNAGES;

ET

AVANTAGES QU'ELLE OFFRE

POUR LA NOURRITURE DU BÉTAIL.

PUBLIÉ

PAR LA SOCIÉTÉ INDUSTRIELLE DU ROYAUME DE HANOVRE.

Avec figures.

𝔗𝔯𝔞𝔡𝔲𝔦𝔱 𝔡𝔢 𝔩'𝔞𝔩𝔩𝔢𝔪𝔞𝔫𝔡

PAR SARRAZIN.

***

A DIJON,

CHEZ DOUILLIER, IMPRIMEUR-LIBRAIRE, ÉDITEUR.

A PARIS,

CHEZ Mme HUZARD, LIBRAIRE, RUE DE L'ÉPERON, N.° 7.

1837.

DIJON, IMPRIMERIE DE DOUILLIER.

CULTURE
DES BETTERAVES.

INTRODUCTION.

OBJET DE CE TRAITÉ.

La culture des betteraves, depuis long-temps importante, particulièrement pour la nourriture du bétail, mérite bien davantage l'attention des agriculteurs aujourd'hui que cette plante est employée à la fabrication du sucre dans des établissemens dont le nombre augmente avec rapidité. Il en existe déjà cinq dans ce royaume, et cette industrie se répandra davantage aussitôt que le succès en sera assuré par la production des betteraves en quantité suffisante. La culture de cette racine procurerait au laboureur une nouvelle source de bénéfices propres à le dédommager du peu d'avantage que lui offrent souvent les autres produits agricoles.

Aussi la Société industrielle a-t-elle, depuis plusieurs années, porté spécialement ses vues sur cet objet.

Elle a recueilli tous les renseignemens possibles sur l'état actuel de cette culture dans le royaume de Hanovre, sur ses progrès et ceux de la fabrication du sucre dans les pays étrangers.

Il est résulté de ses recherches que la culture de la betterave commune est de quelque importance dans les grandes exploitations de la partie méridionale du royaume, surtout dans les principautés de Calenberg, Gottingue, Grubenhagen et Hildesheim, où elle occupe moyennement d'un cinquantième à un centième des terres labourables, tandis que celles d'une étendue médiocre n'y en consacrent qu'une quantité proportionnellement moitié moindre ; et même dans les propriétés du dernier ordre les betteraves ne sont souvent cultivées que dans les clos et les jardins, comme les pommes de terre l'étaient il y a soixante ans.

Sur les autres points du Hanovre cette branche de l'économie rurale est encore plus restreinte. Elle est presque inconnue dans plusieurs contrées, entr'autres dans les fertiles campagnes de l'Ost-Frise, malgré les efforts que l'on fait de temps en temps pour engager les habitans à s'y livrer, ou à lui donner plus d'étendue. Il est vrai que tous les sols, surtout dans la partie septentrionale de notre royaume, ne conviennent point à cette plante. Mais souvent les soins apportés au *choix* et à la *culture* du terrain peuvent faire disparaître cet inconvénient. Nous traiterons successivement ces deux objets dans la suite de cet ouvrage.

Les informations prises par la Société dans le royaume l'ont convaincue que plusieurs agriculteurs ont porté la culture de la betterave commune à un degré de perfection qui semble rendre inutile toute instruction à cet égard; mais tous ne méritent pas cet éloge; et d'ailleurs la cuture des betteraves destinées à la fabrication du sucre exige

une foule de notions spéciales encore peu
répandues dans le pays. D'après ces deux
dernières considérations, elle a cru qu'il
était de son devoir de publier les renseignemens qu'elle a obtenus sur cet important
objet tant à l'intérieur qu'à l'étranger, ainsi
que le résultat de ses propres expériences.

Cet ouvrage étant destiné, pour remplir
complètement son but, à recevoir la plus
grande publicité possible, on a dû se borner
à y donner une instruction pratique, courte
et à la portée de tout le monde, sans appro-
fondir les théories dont l'utilité n'a pas encore été démontrée par l'expérience, ni se
livrer à un examen critique des vues et des
opinions qu'on n'a pas cru devoir admettre,
quelque agréable qu'eût été cet examen pour
les agriculteurs qui aiment à réfléchir sur les
principes de leur art.

OUVRAGES CONSULTÉS.

Pour ceux qui voudraient se livrer à une
étude spéciale de la branche d'économie rurale dont nous nous occupons, il n'est pas
inutile de dire qu'outre les renseignemens,
en partie excellens, reçus d'environ soixante
agriculteurs et autres personnes du pays,
auxquels la Société témoigne ici sa recon-
naissance de leur participation à ses travaux, nous avons consulté, pour la rédaction
de cette instruction, les ouvrages suivans.

1.º *Nouvelle Feuille hebdomadaire d'agriculture pour la Bavière*, 1855, qui contient,
pages 252 et 260, un article dans lequel un
anonyme cherche à combattre les préju-

gés et les autres obstacles généraux qui s'opposent à la culture des betteraves, particulièrement dans le Rotthal; et pag. 382 et 397, un autre article du conseiller de chancellerie Schoder, de Ludwigsburg, sur l'extraction du suc de la betterave.

2.º *Feuille mensuelle de la société économique de Postdam*, 1835, où l'on trouve, pag. 55, les observations d'un anonyme sur la plantation des betteraves.

3.º *Feuille centrale d'agriculture*, Leipsick, 1835, qui renferme :

Page 181, diverses observations du conseiller Rube, de Darmstadt, sur la culture des betteraves;

Page 289, un article du professeur Hermann, de Moscou, concernant les causes qui influent sur le poids des betteraves et sur la quantité de sucre qu'elles contiennent;

Page 506, une comparaison de la betterave ordinairement cultivée en grand, avec la blanche de Silésie, par Mathieu de Dombasle;

Enfin plusieurs articles remarquables sur l'établissement des sucreries de betteraves et sur les procédés à employer pour extraire le sucre de cette plante.

4.º *Feuille centrale d'agriculture*, Leipsick, 1836. On y trouve, page 92, un article anonyme sur les inconvéniens de l'effeuillage.

5.º *Transactions économiques de Styrie*, 1833. On y voit, à la page 271, une instruction sur la culture de la betterave par le conseiller Seidl, qui s'accorde, pour les points essentiels, avec les procédés en usage dans notre pays.

6.º *Transactions et communications de la Société industrielle de Cologne*, 1836, contenant, page 15, un rapport de C. Vohl sur la culture des betteraves en Allemagne et en France; et un autre, page 34, sur la fabrication du sucre de betteraves.

7.º *Courte Instruction sur la culture des betteraves pour les fabriques de sucre*, particulièrement destinée aux cultivateurs de la Bohême, par Charles Weinrich. Prague, 1835.

8.º *Instruction pratique sur la fabrication du sucre de betteraves*, par Dubrunfaut et de Dombasle. Quedlinbourg et Leipsick, 1835. Le commencement de cet ouvrage, jusqu'à la page 14, traite de la culture des betteraves, et le reste a rapport aux moyens d'en extraire le sucre, et au charbon animal employé pour cette extraction.

9.º *Courte Instruction sur la culture de la betterave blanche propre à la fabrication du sucre*, par Zier et Hanewald. Quedlinbourg, 1836.

10.º *Conseils aux cultivateurs*, par Elsner. Stuttgart et Tubingue, 1836. L'auteur expose, pages 30 et 140, les avantages de la culture des betteraves, surtout pour la fabrication du sucre.

11.º *Courte Instruction sur la culture des betteraves*. Stargard, 1836.

12.º *Feuille hebdomadaire d'agriculture du grand-duché de Bade*. C. Zeller y traite, p. 81, de la culture des betteraves, et p. 93, de la fabrication du sucre. Il s'attache particulièrement à faire comprendre dans quelle position précaire peut se trouver un fabricant qui ne récolte pas par lui-même la plus grande partie des betteraves nécessaires à l'alimentation de sa sucrerie.

13.º *Manière de cultiver et de soigner les betteraves*, par Linke. Leipsick, 1836.

14.º *De la fabrication du sucre de betteraves en France*, par Schubarth. Berlin, 1836.

La plupart de ces écrits sont cités dans les notes relatives aux passages pour la rédaction desquels ils ont été consultés. Nous avons eu recours aussi au travail de **M. Ch.** Siemens, qui a parcouru la Bohême et la Bavière aux frais de la Société, pour étudier la situation de ces deux pays sous le rapport de la fabrication du sucre de betteraves.

§ I.

DIFFÉRENTES MANIÈRES D'UTILISER LA BETTERAVE.

L'EMPLOI de la betterave pour la fabrication du sucre n'ayant acquis une certaine importance que depuis un petit nombre d'années, nous n'en parlerons qu'après avoir indiqué les autres ressources qu'elle offre aux cultivateurs.

1. *Emploi de la betterave comme fourrage.*

Cette manière d'utiliser la betterave offre des avantages incomparablement supérieurs à ceux des autres emplois de cette plante connus avant l'établissement de fabriques de sucre indigène. Les bêtes à cornes, et particulièrement les vaches à lait, sont de tous les animaux domestiques ceux auxquels ce fourrage est le plus profitable. Si les pommes de terre et les grains égrugés produisent plus de chair et de graisse, la betterave influe avec plus d'énergie sur la sécrétion du lait, et lui donne un goût fort agréable. Mais, pour qu'on obtienne ce résultat, il en faut à chaque vache au moins dix-huit livres par jour avec du foin haché de bonne qualité. Une moindre quantité ne ferait qu'exciter l'appétit. On nourrit aussi avec cette racine les porcs, les moutons, les bêtes d'engraissement de toute espèce, et même les chevaux dans le Palatinat (1). Si les porcs montrent peu de goût pour les betteraves crues, on les fera cuire, et on les mêlera avec le double de pommes de terre. Les petites betteraves sont celles qui conviennent le mieux pour cet usage. Ce mélange fait parvenir les porcs à un degré d'embonpoint qu'on regarderait généralement comme suffisant. Mais si l'on veut avoir des cochons fort gras, il faudra leur donner, les derniers jours, un peu de grains égrugés.

Les petits cultivateurs pilent dans des auges ou coupent avec un couteau les betteraves qu'ils destinent à la nourriture du bétail ; mais dans les grandes exploitations on les divise avec des machines de différentes espèces. Plusieurs personnes, cependant, prenant en considération les intérêts du capital nécessaire pour construire une de ces machines, les frais de réparation et de remplacement, leur accordent

(1) Transactions économiques, 1835, p. 289.

d'autant moins de préférence, que les racines coupées au moyen de ces appareils, semblent quelquefois n'être pas aussi agréables au bétail.

2. *Café.*

Non-seulement on emploie les betteraves dans les établissemens industriels où se fabrique le café de chicorée; mais les habitans de la ville et de la campagne, après avoir lavé et pelé les racines, les coupent par carrés comme la chicorée, les font sécher dans des fourneaux ou des fours, les brûlent et les moulent comme le café du Levant, ou les pilent dans des mortiers. Les gens peu aisés font avec cette poudre pure un café qu'ils trouvent meilleur et d'un goût plus agréable que celui de chicorée. D'autres ajoutent le café de betteraves à celui du Levant au lieu de chicorée, ou font un mélange de ces trois substances.

3. *Bière.*

A la quantité de malt sec nécessaire pour produire six à huit seaux de bière, ajoutez deux ou trois betteraves du poids de deux à trois livres chacune, coupées par carrés ou par tranches, et séchées comme le malt, et faites cuire le tout ensemble. Vous en retirerez huit à dix seaux d'une boisson douce et d'un goût agréable. Ce mélange produit une bonne fermentation; et, outre le malt, on épargne encore un demi - litre de levure. Cette manière d'utiliser la betterave est en usage dans différens pays, entr'autres dans les environs de Gottingue.

4. *Sirop.*

L'emploi de la betterave pour la préparation d'un sirop était autrefois beaucoup plus en pratique qu'aujourd'hui, surtout pendant l'occupation française, temps où les prix des marchandises coloniales étaient fort élevés. On nettoie la racine, on la râpe, on la pressure, et l'on en convertit le suc en sirop de différentes manières. Au lieu d'exprimer le jus, on peut, dit un auteur, l'extraire, au moyen d'un procédé analogue à la distillation, des betteraves pelées et coupées par morceaux. Cette dernière méthode est recommandée comme préférable à la précédente, en ce qu'elle fait obtenir le suc entièrement purifié de la matière extractive, du mucilage, et d'autres substances qui autrement y restent mêlées, et qu'on en sépare difficilement. L'appareil nécessaire est simple, et peut être employé utilement à d'autres usages, même dans les petites exploitations. Les betteraves peuvent encore servir, après l'extraction du suc, à la nourriture du bétail ou à la préparation d'un café meilleur que celui de chicorée (1).

Il faut espérer que le temps n'est pas éloigné (2), où un procédé simple mettra tout cultivateur en état d'extraire lui-même le

(1) Feuille hebdomadaire d'agriculture pour la Bavière, 1855, p. 398.

(2) Conseils d'Elsner, p. 140.

suc de la betterave. La fabrication du sucre présenterait alors des avantages imcomparablement supérieurs, en ce que les frais de transport seraient considérablement diminués, que le cultivateur emploierait plus utilement les débris, et que le suc pourrait être manipulé dans le temps convenable (1).

5. *Eau-de-vie.*

Les premiers essais tentés dans ce pays pour faire de l'eau-de-vie de betteraves remontent à plus de trente ou quarante ans. On les faisait cuire dans de l'eau; on les pilait jusqu'à ce qu'elles fussent réduites en bouillie sur laquelle on versait de l'eau bouillante; on les encuvait avec de l'eau froide; on les foulait; puis, lorsqu'elles étaient suffisamment refroidies, on y ajoutait la quantité de levure nécessaire. Aussitôt que la fermentation avait cessé, et que le liquide était complètement éclairci, on leur faisait subir une première distillation, dont le produit était distillé de nouveau dans un alambic à vin. Cent livres de betteraves produisaient ainsi trois à quatre litres d'eau-de-vie potable, mais conservant un goût désagréable qu'on lui faisait perdre en la filtrant sur du charbon pulvérisé. On a même prétendu que plusieurs filtrations successives pouvaient lui donner une qualité approchante de celle du rhum.

(1) On trouvera de plus amples détails sur la fabrication du sirop dans l'appendice placé à la suite de ce traité.

6. *Vinaigre.*

On nettoie les betteraves ; on les pile bien menu ; on les pressure comme les fruits destinés au même usage ; on met le jus dans une cuve où on le laisse fermenter et s'éclaircir ; puis on transvase le liquide clair dans un tonneau que l'on place près du poêle dans une chambre constamment chaude : et au bout de deux, trois ou quatre mois il est converti en un vinaigre d'un goût agréable.

La fabrication de l'eau-de-vie et du vinaigre s'associerait avantageusement avec celle du sucre. Le sirop incrystallisable, produit accessoire qu'on obtient en fabriquant le sucre de betteraves, et qui est composé de mucilage sucré et d'autres parties de la plante, pourrait servir à faire de l'eau-de-vie. Les débris, les rinçures, en général tout ce qui n'a pas d'autre utilité, et qui ne contient plus qu'une petite quantité de sucre, serait employé à faire du vinaigre. La fabrication de ce liquide ne demande pas beaucoup d'attention. Elle n'exige que de la levure, de la chaleur et de l'obscurité.

7. *Sucre* (1).

De toutes les manières d'utiliser la betterave la fabrication du sucre est aujourd'hui la plus importante et la plus lucrative. Quand on considère les progrès qu'elle a faits dans les autres pays pendant les années précé-

(1) Voir l'appendice.

dentes, on ne peut douter que sa propagation dans le nôtre ne soit un véritable service à lui rendre.

Les petites fabriques établies en Allemagne pendant l'occupation française ne purent lutter contre la baisse de prix occasionée par la libre introduction des produits coloniaux en Europe après la chute de Napoléon. En France (1) la fabrication avait commencé en petit en 1810, mais ses progrès ont été très-lents jusqu'à 1830. De 1828 à 1836 son importance s'est plus que quintuplée : de sorte que l'année dernière il y avait déjà quatre cent soixante-six fabriques dont la plupart existent dans les provinces du nord, et qui, d'une récolte à l'autre, pourront fournir de quatre-vingt-dix à cent millions de livres de sucre. La Russie (2) tire déjà de ses sucreries le huitième de sa consommation. Il y avait en Bohême, en 1835, au moins vingt fabriques en activité, et il s'en établissait tous les jours de nouvelles. On s'efforce également d'introduire cettte industrie dans les autres pays de l'Allemagne.

Cette rapide et prodigieuse extension prouve que la fabrication du sucre est généralement avantageuse. On a vu néanmoins plusieurs de ces entreprises qui n'ont pas réussi. Il faut donc, avant de fonder une sucrerie, examiner avec attention toutes les circonstances qui peuvent en assurer ou en empêcher le succès (3).

(1) Schubarth, pag. 1 et 56.
(2) Feuille centrale d'agriculture, 1835, p. 289.
(3) Schubarth, p. 2 et 62.

La fabrication du sucre indigène conserve aux pays où elle est exercée des
sommes considérables qui, sans elle, passe-
raient à l'étranger; elle fournit des moyens
d'existence à une foule d'ouvriers, et pro-
cure surtout de grands avantages à l'agriculture.

Ce dernier point ayant été souvent con-
testé, nous allons tâcher de lever tous les
doutes à cet égard en examinant,

1.º Si la récolte d'une quantité de betteraves suffisante pour alimenter les fabriques ne peut nuire à la production des autres
denrées agricoles (1);

2.º Si, les prix du sucre et ceux des grains
conservant les proportions ordinaires, la culture des betteraves présentera assez de bénéfices pour n'être jamais interrompue.

1. L'exemple des autres pays nous prouve
que la première question doit recevoir une
solution affirmative. La France, la Russie (2)
et la Bohême, dont les terres et les cli-
mats sont si différens, voient également
fleurir leurs sucreries sans que les branches
d'agriculture qui sont étrangères à cette industrie en éprouvent le moindre inconvénient. Il est vrai que la plupart de ces fabriques existent dans de vastes domaines,
et que cette situation leur offre de grands

(1) Cette question avait été souvent proposée même
en France, où la production des betteraves nécessaires
pour alimenter les sucreries n'occuperait que $\frac{1}{46}$ des
terres labourables. (*Schubarth*, p. 45.)

(2) Feuille centrale d'agriculture, 1835, p. 290.

avantages. Non-seulement le propriétaire, récoltant par lui-même une quantité considérable de matières premières, est plus indépendant (1); mais les travaux des hommes et des bêtes lui coûtent ordinairement moins, vu qu'il les fait exécuter en partie par ses gens à l'époque qui lui convient le mieux; et il peut lui-même tirer parti des débris (2).

On ne saurait disconvenir que la culture des betteraves diminuerait un peu les récoltes en paille; mais on trouverait une compensation dans les feuilles et les autres parties de cette plante qui ne peuvent être converties en sucre. Les exploitations agricoles dont le sol est fertile, qui possèdent des prairies suffisantes et des bergeries, ou peuvent acheter des engrais dans les villes, sont celles auxquelles la production des betteraves offre le moins de difficulté. Cependant celles qui ne jouissent pas de tous ces avantages peuvent aussi, avec une direction intelligente, récolter une quantité de betteraves proportionnée à leur étendue; et cette cul-

(1) Feuille hebdomadaire d'agriculture du grand-duché de Bade, 1836, p. 96. — Schubarth, p. 62. — Les betteraves employées dans la nouvelle fabrique de Gottingue sont fournies par des cultivateurs étrangers à l'exploitation, mais qui travaillent sous la direction et la surveillance des fabricans. On en récolte beaucoup sur le territoire même de Gottingue; mais une quantité bien plus considérable encore est tirée des lieux les plus voisins.

(2) En Bohême ceux qui ont vendu les betteraves reprennent ordinairement ces débris pour moitié du prix de vente. On croit avoir remarqué que les premiers veaux femelles des vaches qui en recevaient tous les jours, ont souvent avorté; mais du reste ils conviennent parfaitement au bétail.

ture présente d'autant moins d'inconvénient, que la diminution du prix des grains a forcé plusieurs cultivateurs à tourner leurs vues d'un autre côté. Enfin les progrès que l'agriculture a faits dans les derniers temps, et dont la disparition partielle des jachères est une preuve, ne permettent plus de craindre que l'extension de la culture des betteraves ait une influence désavantageuse sur celle des autres produits agricoles. Elle aurait tout au plus pour effet de faire hausser le prix des grains, ce qui, certes, ne pourrait être nuisible aux cultivateurs.

2. Passons maintenant à la seconde question. Nous avons déjà fait remarquer, à l'occasion de la première, que les betteraves qui coûtent le moins à un fabricant sont celles qu'il récolte lui-même. Une sucrerie qui dépend des producteurs étrangers est toujours dans une situation précaire : car ils ne peuvent lui livrer des betteraves qu'autant que la culture de cette plante leur est au moins aussi profitable que celle des autres : de sorte que, si les prix des grains venaient à augmenter, ils ne la fourniraient plus aux mêmes conditions. Avec les procédés de fabrication actuellement employés en France (1), les betteraves, qui se paient de 7 à 8 f. les mille livres, rendent de 6 à 7 pour 100 de sucre brut. Il coûte au fabricant de 22 à 32 centimes, et se revend moyennement 43 centimes (2). En Bohême

(1) Schubarth, p. 43 et 44.
(2) Ibid., p. 42.

les fabricans vendent 46 centimes la livre de sucre brut, et 8 centimes la livre de sirop. Le quintal de betteraves vaut pour eux environ 1 f. 14 c., ce qui offre un avantage suffisant pour se livrer à la production de cette racine.

Le fabricant, exposé aux vicissitudes du commerce, et qui d'ailleurs doit retirer des bénéfices de son industrie, ne peut guère donner plus de 81 centimes du quintal de betteraves. Ce prix est bien aussi à peu près celui qu'elles coûtent en France, et celui qui est fixé dans les conventions faites avec la nouvelle sucrerie de Gottingue.

A ce prix, comparé surtout à la valeur actuelle des grains, il ne manquera pas de vendeurs. Nous ferons observer que la culture des betteraves, comme celle du tabac dans les environs de Gottingue, serait particulièrement avantageuse pour le petit cultivateur, qui, pouvant exécuter par lui-même ses travaux dans la saison, n'a pas à les déduire des prix de vente comme celui qui est obligé de les payer. Il peut aussi apporter plus de soins à cette culture que le grand propriétaire.

Il n'est pas à présumer que le sucre descende jamais au dessous des prix indiqués ci-dessus, tandis que les perfectionnemens continuels de la fabrication ne peuvent manquer d'améliorer la position des fabricans et celle des producteurs de betteraves.

De ces considérations on peut conclure que, le prix du sucre et celui des grains restant dans les proportions ordinaires, on

trouvera dans la culture des betteraves assez de bénéfice pour en alimenter constamment les fabriques.

AVIS

RELATIF AUX PARAGRAPHES SUIVANS.

LE but de la Société, en publiant cet ouvrage, est de perfectionner la culture de la
betterave pour les usages auxquels on l'emploie depuis long-temps, particulièrement
pour la nourriture du bétail, et en même
temps d'engager les agriculteurs à la cultiver pour la fabrication du sucre. Bien que
la différence des emplois auxquels on destine la betterave n'en exige souvent aucune
dans la culture, cette identité n'a pas lieu
sur tous les points. C'est pourquoi nous
croyons devoir avertir le lecteur que, dans
les paragraphes où une distinction est nécessaire, nous avons placé en premier ordre
ce qui concerne la culture en général, après
quoi nous avons indiqué les modifications
nécessaires pour l'approprier à l'usage qu'on
veut faire de la récolte.

§ II.

ESPÈCES DE BETTERAVES.

LA betterave est une espèce du genre
bette (*beta*, L.). Elle a plusieurs variétés, mais
on ne peut les désigner exactement, parce
que leurs caractères ne sont pas invariables.
Les plus distinctes sont les suivantes.

1. *Blanche-rougeâtre.*

Elle est presque cylindrique, et ordinairement d'un blanc rougeâtre tant à l'extérieur qu'à l'intérieur; ou bien elle est rose en dehors, et a des anneaux blancs et roses en dedans. Cette betterave, qui atteint de seize à dix-sept pouces de longueur, dont douze hors de terre, donne le produit le plus considérable en poids : car elle pèse quelquefois jusqu'à vingt-cinq livres; mais sa partie supérieure est ligneuse, et son suc très-aqueux, de manière que c'est l'espèce qui, proportionnellement à son volume, contient le moins de substance nutritive.

2. *Blanche-jaunâtre.*

Elle sort au plus à moitié de terre, et a la forme d'une poire arrondie. Cette espèce n'atteint pas tout-à-fait la grosseur de la précédente; mais, étant moins ligneuse et moins aqueuse, elle a plus de force nutritive, et se conserve plus long-temps, parce qu'elle est plus ferme. On en a vu plusieurs qui pesaient jusqu'à vingt livres.

3. *Rouge-pâle.*

Sa forme est la même que celle de la précédente; elle pénètre davantage dans la terre, et son poids s'élève jusqu'à dix-huit livres.

4. *Jaune.*

Elle croît entièrement dans le sol. Sa forme est celle d'une poire arrondie. Elle a peu de fane, est très-ferme, et contient beaucoup de sucre. Son poids est inférieur à celui des trois premières espèces : il ne s'élève pas au dessus de sept livres; mais elle paraît se contenter d'un sol moins fertile, quoique la blanche-rougeâtre semble devoir mieux convenir pour les sables et les autres terres légères, vu qu'elle croît presque entièrement hors de terre.

5. *Blanche de Silésie.*

Cette betterave a la forme d'une poire arrondie. Sa chair est blanche et ferme, et son poids ordinaire n'est que de cinq livres. C'est la seule qu'on emploie pour la fabrication du sucre. Nous en parlerons avec plus de détail dans un article spécial.

La blanche-rougeâtre et la blanche-jaunâtre sont les deux espèces qu'on a le plus cultivées jusqu'à présent dans notre pays, surtout dans les grandes exploitations, pour la nourriture du bétail, parce qu'elles sont plus volumineuses, plus faciles à arracher, et que leur nettoiement pour la conservation présente moins de difficulté. Entre ces deux espèces plusieurs agriculteurs donnent la préférence à la blanche-jaunâtre, parce qu'elle convient mieux aux vaches laitières; mais la plupart l'accordent à la blanche-rougeâtre à cause de la supériorité de son poids.

Plus les betteraves contiennent de saccharin, plus elles sont profitables au bétail. Ainsi les betteraves propres à la fabrication du sucre seraient aussi les meilleures comme fourrage. Mais, celles qu'on destine au premier de ces usages devant croître dans la terre et dans une vieille fumure, et celles qui sortent plus ou moins du sol, et viennent dans une fumure nouvelle donnant un volume incomparablement supérieur, on ne peut conseiller de cultiver la betterave uniquement pour la nourriture du bétail, comme si l'on voulait en faire du sucre, la supériorité de qualité ne pouvant compenser celle du poids.

Les trois dernières espèces, surtout la jaune et la blanche, sont les meilleures pour la fabrication du café.

Du reste, comme nous l'avons dit, chacune de ces espèces se change souvent en une autre, et il est difficile de conserver une variété entièrement pure. Le mélange du pollen des plantes destinées à produire la semence, le sol même, influent sur les qualités de la betterave. Thaer, avec la même semence, a récolté des betteraves qui étaient restées en terre dans un champ, et en sortaient dans un autre. Le premier avait été labouré à dix pouces de profondeur, et le second n'avait reçu qu'un labour superficiel.

Quelle est l'espèce de betteraves la plus propre à la fabrication du sucre.

Les expériences faites à ce sujet ont prouvé que la betterave de Silésie est celle qui possède au plus haut degré les qualités désirables pour la fabrication du sucre, quand elle a été cultivée dans un sol et avec des soins appropriés à cette destination (1).

(1) Feuille industrielle de Cologne, 1836, p. 16. — Dubrunfaut et de Dombasle, p. 2 et 3.

En effet les betteraves qu'on veut employer à la fabrication du sucre doivent,

1.º Être de forme peu différente, avoir un pivot, et pas de racines secondaires, entre lesquelles il puisse rester de la terre ou des pierres, qui rendraient le nettoiement difficile, et endommageraient les machines à râper;

2.º Ne pas peser moins d'une demi-livre ni plus de cinq livres. Les betteraves trop grosses sont peu compactes, se gâtent facilement, et l'on est obligé de les couper pour les introduire dans la plupart des machines à râper; les petites se perdent lors du lavage, et se râpent difficilement;

3.º Avoir une chair ferme et uniforme, se casser en craquant, et aller promptement au fond de l'eau. Elles sont alors faciles à râper. Les racines coriaces et mollasses offrent une trop grande résistance. Quand elles se flétrissent, c'est un signe d'altération de la matière saccharine;

4.º Avoir une petite tête, afin que l'enlèvement de la fane n'occasione pas trop de perte, et ne laisse pas une coupure trop large, qui favoriserait la putréfaction;

5.º Donner un suc doux, concentré, exempt de toute saveur hétérogène. Il y a dans ce cas moins d'eau à évaporer, et par conséquent économie de combustible. Les betteraves peu aqueuses se conservent aussi avec plus de facilité;

6.º Croître dans la terre : la partie qui sort de terre est moins compacte, a la peau plus épaisse, et résiste moins à la gelée.

7.º Il est bon qu'elles soient sans couleur, quoique cette qualité ne soit pas essentielle.

D'après les expériences dont nous avons parlé au commencement de cet article, aussitôt que les fabricans français remarquent une dégénération dans la betterave blanche, ils font venir directement de Silésie la semence qui leur est nécessaire.

§ III.

QUANTITÉ DE SUCRE CONTENUE DANS LES BETTERAVES.

En France (1), où la fabrication du sucre de betteraves a eu jusqu'à présent le plus de succès, des expériences chimiques sur la racine de cette plante ont donné en moyenne de 8 à 9 pour 100 de sucre. En Russie (2) on en a obtenu de 10 à 11 pour 100. La Bohême est le pays de l'Allemagne où l'on fabrique le plus de sucre de betteraves, et leur produit y est estimé de 7 à 8 pour 100. Dans le royaume de Hanovre (3) les expériences n'ont donné jusqu'à présent en moyenne qu'un résultat un peu inférieur à 6 pour 100, et il ne s'est jamais élevé qu'un peu au delà de 8 pour 100. Malgré les perfectionnemens apportés aux procédés de fabrication il n'a pas encore été possible d'extraire

(1) Feuille centrale d'agriculture, 1835, p. 291 et 292. — Schubarth, p. 41.

(2) Feuille centrale d'agriculture, 1835, p. 290 et 291. — Schubarth, p. 41.

(3) Communications de la Société industrielle du Hanovre, 8.e livraison, p. 65.

tout le sucre contenu dans les betteraves, et la manipulation en fait encore perdre une certaine partie (1).

Au reste il peut y avoir de la différence entre les produits individuels de betteraves cultivées de la même manière et récoltées dans le même champ (2). Celui des petites est presque toujours proportionnellement plus considérable que celui des grosses (3); néanmoins ces dernières offrent ordinairement plus d'avantage à cause de la supériorité de leur volume.

La gelée n'altère point le sucre contenu dans les betteraves (4), et n'en diminue point la quantité. On prétend même qu'elle rend le suc plus facile à clarifier. Mais les betteraves gelées pourrissent promptement après le dégel.

§ IV.

QUEL EST LE SOL QUI CONVIENT LE MIEUX AUX BETTE-RAVES.

1. INDIQUONS d'abord les qualités qui rendent un terrain propre à la culture des betteraves, sans avoir égard à la destination de cette plante.

Le sol où la betterave réussit le mieux,

(1) Schubarth, p. 41.

(2) Feuille industrielle de Cologne, 1836, p. 27. — Dubrunfaut et de Dombasle, p. 12.

(3) Ibidem — Feuille centrale d'agriculture, 1835, p. 296, à la fin.

(4) Feuille industrielle de Cologne, 1836, p. 27.

et où sa racine prend la forme la plus convenable, est un terrain glaiseux passablement lié, c'est-à-dire mêlé avec un peu de sable, labouré profondément, bien ameubli, et qui ne soit pas sujet à souffrir de la sècheresse ou de l'humidité. Mais elle prospère aussi dans les autres terrains lorsqu'ils sont bien préparés, particulièrement dans les terres mélangées, et donne ordinairement, moyennant les labours et les soins appropriés, un produit considérable dans les champs où les céréales sont sujettes à verser. Elle vient bien immédiatement après une récolte versée, parce que celle-ci étouffe les mauvaises herbes, et rend le sol friable. Quelques agriculteurs prétendent aussi que les céréales versées consomment moins d'engrais, parce qu'elles tirent de l'atmosphère une grande partie de leur nourriture. Les terrains à sous-sol argileux demandent, surtout dans les années de sècheresse, beaucoup de labours et d'engrais pour être maintenus dans un état d'ameublissement convenable.

Dans les novales et les étangs desséchés, pour peu que le terrain soit convenable, la betterave réussit fort bien, si toutefois le sous-sol des terres marécageuses et sablonneuses est assez compacte pour conserver l'humidité, et empêcher le trop prompt dessèchement de la surface. Si le gazon des novales a trop de consistance, il faut le rendre assez friable pour qu'il commence à se diviser, et il vaut mieux alors y semer de l'avoine avant d'y cultiver les betteraves.

Le sable sec, les terres argileuses, glaiseuses, marécageuses, calcaires et pierreuses fort dures ne conviennent point à la betterave. Les champs à sous-sol marneux sont ceux où elle réussit le moins (1).

Cependant on a quelquefois obtenu, avec une excellente culture, des récoltes abondantes dans un sol presque purement sablonneux. Cette différence dépend en partie du sous-sol et de plusieurs autres circonstances.

Dans le Lunebourg, des terres de marais et de prairie bien fumées ont souvent donné, dans les années sèches, des betteraves très-grosses, mais aqueuses. Entre autres observations sur le produit des betteraves dans différens pays, on a remarqué que, dans le bailliage de Hitzacker, particulièrement près de la ville et dans les grandes propriétés, il est à celui des autres plantes agricoles comme 1 est à 30. Le sol y est mélangé, argileux, marécageux et sablonneux.

2. Examinons maintenant quels sont les terrains qui conviennent aux betteraves selon qu'on veut les employer à la nourriture des bestiaux ou à la fabrication du sucre.

Les terrains un peu calcaires sont toujours propres à la culture des betteraves, mais surtout quand on les destine à la fabrication du sucre, les élémens d'un sol de cette espèce qui entrent dans la composition de la racine en rendant le suc plus facile à clarifier. Un sol nitreux ou contenant des sels ne convient point à la betterave cul-

____

(1) Dubrunfaut et de Dombasle, p. 4. — Instruction sur la culture des betteraves, Stargard, 1836, p. 4.

tivée pour les sucreries (1), mais bien à celle qui doit servir de fourrage, les sucs que la plante tire d'un semblable terrain apportant de grands obstacles à la fabrication du sucre, tandis qu'ils sont profitables au bétail. Cependant on peut, comme nous le dirons plus bas, diminuer la quantité de sels contenue dans un terrain en y cultivant une autre plante avant les betteraves.

Dans les années pluvieuses la betterave devient grosse, mais elle est aqueuse et peu sucrée (2). Il ne lui faut d'humidité que dans les premières semaines de sa végétation, jusqu'à ce qu'elle ait acquis une certaine force; plus tard elle aime la sècheresse.

§ V.

ASSOLEMENT POUR LA CULTURE DES BETTERAVES.

Dans notre pays, où les terres sont généralement soumises à l'assolement triennal ou quatriennal, on cultive le plus souvent la betterave dans les jachères après une céréale d'été.

Le mieux est de faire succéder la betterave à une plante houée, dont la culture ameublit le terrain, telle que le chou, la pomme de terre, ou bien à elle-même. De nombreuses expériences ont prouvé qu'on peut obtenir de suite huit à douze bonnes

(1) Feuille industrielle de Cologne, 1836, p. 16. — Dubrunfaut et de Dombasle, p. 4.

(2) Dubrunfaut et de Dombasle, p. 4. — Feuille hebdomadaire d'agriculture du grand-duché de Bade, 1836, p. 83.

récoltes de betteraves dans le même champ.

Une fumure fraîche ne convenant point à la betterave destinée à la fabrication du sucre, et cette plante exigeant dans tous les cas un sol riche en matière nutritive, il faut, quand on la cultive pour cet usage, la faire précéder d'une plante qui n'épuise pas trop le terrain. S'il contient des sels, qui, comme nous l'avons fait remarquer, nuisent à la fabrication, une plante fourragère croissant rapidement, et fauchée en vert, telle que des vesces, du trèfle, etc., lui enlèvera cet élément (1). En Russie on a recommandé le tabac comme très-propre à remplir cet objet, vu qu'il possède au plus haut degré la propriété de s'emparer des sels d'un terrain qui vient de recevoir une forte fumure.

Si l'on n'est pas gêné par l'assolement, on sème ordinairement après les betteraves, comme après les choux et les pommes de terre, de l'orge avec du trèfle, et après le trèfle une céréale d'hiver. Quelques cultivateurs font précéder celle-ci de pois ou de blé barbu. Les céréales d'hiver réussissent rarement après une récolte houée; et cela pourrait venir non-seulement de ce que les plantes houées, surtout les betteraves, consomment trop d'engrais, et de la quantité de terre inculte mêlée avec la couche superficielle; mais encore de ce que le terrain ne peut pas recevoir assez tôt les préparations nécessaires. Si cependant l'assolement en usage oblige à semer une céréale d'hiver, on donnera la

(1) Feuille centrale d'agriculture, 1855, p. 296. — Feuille industrielle de Cologne, 1856, p. 16.

préférence au froment, pourvu que le sol
lui convienne : car il souffre moins des semailles tardives que le seigle. Toutefois,
en donnant à ce dernier un demi-parcage,
on peut le semer sans aucun inconvénient.

On cultive quelquefois les pommes de
terre et les betteraves dans les champs destinés aux céréales d'été. De nombreuses expériences ont appris que le lin réussit fort
bien après la première de ces racines ; après
la seconde il parvient à la même hauteur,
mais il est de fort mauvaise qualité.

Dans les petites propriétés et dans celles
qui sont forcées de se conformer rigoureu-
sement à l'assolement local, la clôture des
terres ou leur réunion en très-grandes pièces
faciliterait la culture des betteraves.

§ VI.

FUMURE.

—

1. *Pour la betterave cultivée comme plante
fourragère.*

UNE fumure fraîche et énergique plaît à
la betterave autant qu'à toute autre racine.
Les Hanovriens la cultivent presque toujours
dans des terres qui viennent de recevoir un
engrais. Ils en conduisent de six à douze
voitures à quatre chevaux par journal (1) en
automne, l'enterrent avec la charrue, et font

(1) Le journal du Hanovre équivaut à 26 ares 19 cen-
tiares.

parquer dans la même étendue, au printemps, de douze cents à deux mille moutons pendant une nuit. Comme jusqu'à présent cette plante a rarement reçu chez nous d'autre emploi que la nourriture du bétail, on ne saurait blâmer cette méthode, qui est le meilleur moyen d'assurer une récolte abondante.

2. *Pour la betterave destinée à la fabrication du sucre.*

Un engrais frais, surtout quand il est composé en grande partie d'excrémens, ne convient point à la betterave destinée à la fabrication du sucre (1). La récolte d'un champ nouvellement fumé contient généralement la même quantité de sucre que celle d'un champ non fumé; mais elle est ordinairement répandue dans une plus grande masse; et, ce qui est un inconvénient bien plus grave, les sucs salins et nitreux qui passent du fumier frais dans les betteraves, rendent l'extraction de la matière saccharine difficile, ou même impossible (2).

Si le sol a été trop épuisé par les récoltes précédentes, il est nécessaire de le fumer (3); mais alors il faut employer du fumier de bêtes à cornes, et l'enterrer avec la charrue en automne. Quand on ne fume pas immé-

(1) Feuille centrale d'agriculture, 1855, p. 295.

(2) Linke, p. 21. — Instruction sur la culture des betteraves, Stargard, 1836, p. 7. — Feuille hebdomadaire d'agriculture du grand-duché de Bade, 1856, p. 84.

(3) Weinrich, p. 3.

diatement pour les betteraves, on peut le faire avec toute sorte de fumier d'écurie ; cependant celui de bêtes à cornes mérite toujours la préférence. Le limon des étangs et des fossés, quand il a passé l'hiver en tas, les plantes vertes enterrées avec la charrue, les débris des sucreries, sont d'excellens engrais pour la betterave destinée à la fabrication du sucre.

Des écrivains français (1) assurent que des champs de betteraves qui, pendant huit ans de suite, n'avaient reçu d'autre engrais que ces débris, produisaient encore de bonnes racines, et ont donné ensuite une récolte de froment assez abondante.

En France (2) on emploie au même usage les cendres de houille et de tourbe, la chaux vive, le gypse, les débris de tuilerie, et même les tourteaux de graines de pavots.

Du reste on pourrait diminuer l'inconvénient d'une fumure nouvelle en déposant le fumier en gros tas sur le champ pendant l'été, pour l'étendre et l'enterrer avec la charrue en automne. Le fumier se décomposerait, et les sels se volatiliseraient pendant l'intervalle du dépôt au labour exécuté pour enterrer l'engrais. Cette précaution occasionerait la perte d'une certaine quantité de matière nutritive ; mais on l'éprouve quelquefois sans ce motif dans les grandes exploitations, par la nécessité où l'on se trouve d'entasser ainsi le fumier pendant l'été dans les champs éloignés.

(1) Feuille industrielle de Cologne, 1836, p. 16. — Dubrunfaut et de Dombasle, p. 4.

(2) Schubarth, p. 4.

§ VII.

PRÉPARATION DU TERRAIN.

—

1. *Ameublissement profond.*

Pour que la betterave réussisse, il faut qu'elle puisse enfoncer bien avant dans la terre sa longue racine pivotante, et en tirer la nourriture et l'humidité qui lui sont nécessaires. Cette condition est surtout indispensable pour la betterave destinée à la fabrication du sucre, parce que les parties couvertes de terre sont les seules où se forme une grande quantité de matière saccharine. On atteint ce but en ameublissant le sol le plus profondément possible.

Les terrains où la betterave réussit le mieux sont les jardins bêchés de dix à quinze pouces de profondeur. Mais, comme il n'est guère possible de bêcher les champs un peu vastes, on est ordinairement obligé de se borner à donner aux sillons quelques pouces de profondeur de plus qu'à l'ordinaire, et de les faire très-étroits. Avant que de labourer pour semer, il faut donner au moins un labour profond (1), soit en automne, soit au printemps, lorsque le sol est suffisamment essuyé pour ne plus former de boue.

Cependant l'expérience a démontré que dans les terres argileuses de l'Ost-Frise, lorsqu'un champ est labouré trop profondément,

(1) Weinrich, p. 4.

et le sous-sol trop ameubli, la betterave devient longue, mais peu épaisse. Cela provient sans doute de ce que, la couche végétale étant fort mince, son mélange avec des substances inertes met une disproportion excessive entre la quantité de matière nutritive et la masse à fertiliser; ou de ce que l'on a percé avec la charrue une faible couche d'argile qui seule aurait pu entretenir l'humidité nécessaire.

Si l'on a recassé profondément en automne, et que le sol soit suffisamment ameubli, il n'est pas nécessaire de lui donner un labour au printemps avant celui qu'on exécute pour semer (1). On peut laisser les sillons tels qu'ils sont après le coup de charrue d'automne, et, seulement quelques jours avant le dernier, les herser, ou donner une façon avec l'extirpateur (machine inventée en Angleterre). Si le terrain n'est pas assez meuble, il faut le labourer plusieurs fois au printemps, et le herser quelques jours avant chaque labour.

2. *Labours.*

Il convient de donner trois labours au champ destiné à recevoir la semence : le premier après la récolte précédente; le second peu de temps avant l'entrée de l'hiver, et le plus tard possible; le troisième au printemps, pour semer; après l'ensemencement le terrain doit être hersé, et roulé s'il est nécessaire. Pour planter, il vaut mieux

(1) Weinrich, p. 4.

ne labourer qu'une fois en automne, afin que la terre retournée soit exposée aux influences atmosphériques pendant l'hiver; puis on donnera encore deux ou trois coups de charrue au printemps : moyennant quoi la disposition du terrain sera toujours convenable.

Le fumier conduit en automne dans le champ ne doit pas être trop enterré avant l'hiver, pour que les labours du printemps puissent le soulever. Si l'on y fait parquer des bêtes à laine, il est bon que ce soit pour l'avant-dernier labour, afin que les excrémens restent, autant que possible, à la surface.

3. Moyen de remédier au défaut de profondeur du terrain.

On peut remédier au défaut de profondeur du terrain en le cultivant par planches(1). Ce procédé, applicable surtout aux terres sablonneuses, est en usage dans le pays de Magdebourg.

4. Double labour.

Si la bonté du sous-sol permet de labourer profondément, on peut faire passer dans le sillon une seconde charrue qui suit la première, et enlève une nouvelle couche de terre qu'elle jette sur celle qui a été retournée par le labour précédent (2). L'automne

(1) Linke, p. 9 et 22.
(2) Feuille industrielle de Cologne, 1836, p. 18. — Dubrunfaut et de Dombasle, p. 5.

est la saison la plus convenable pour exécuter cette opération, qu'il n'est pas nécessaire de répéter. Du reste elle ne paraît guère praticable que dans les marais desséchés.

§ VIII.

ENSEMENCEMENT.

Il faut, avant tout, se procurer de bonne semence. Le meilleur moyen pour y parvenir est de la récolter soi-même de la manière indiquée plus bas. Il est bon de la passer dans un crible à pois pour que les grains soient d'une grosseur à peu près égale. La semence de la betterave à sucre se tire ordinairement des fabriques.

Amollissement de la semence.

Pour que la semence germe plus promptement, on la fait tremper pendant environ quarante-huit heures dans du jus de fumier étendu avec pareille quantité d'eau. On peut, après cette opération, la mêler avec des cendres qu'on fait ensuite passer dans un crible, la mettre dans un sac sans la serrer, et la déposer dans une cave jusqu'à ce que le terrain soit préparé, et que le temps soit favorable pour les semailles. Elle se garde ainsi, au besoin, jusqu'à quinze jours ; mais il faut la faire sécher à l'air avant de l'employer, pour que les grains ne tiennent pas ensemble.

Quelques personnes font germer les semences en les mêlant avec du sable ; mais les germes sont sujets à être endommagés par l'ensemencement, surtout quand on dépose successivement chaque grain dans la place que doit occuper la plante. D'autres ne leur font subir aucune de ces préparations, parce que les froids qui surviennent souvent après les semailles nuisent aux plantes qui ont levé trop tôt, tandis que celles dont la germination n'a été accélérée par aucun moyen artificiel deviennent plus vigoureuses quand le temps leur est favorable. On prétend aussi que le jus de fumier engendre les vers et le chaudepied.

En France (1) on arrose la semence avec de l'eau jusqu'à ce que la main se mouille en en serrant une poignée. Ensuite on la met en tas de six pouces de hauteur, et on la laisse en cet état jusqu'à ce qu'il s'y manifeste un peu de chaleur, après quoi on procède à l'ensemencement. Plusieurs recommandent de mettre les graines pendant vingt-quatre à trente heures dans de l'eau de chaux claire, sans les faire échauffer. D'autres font dissoudre quatre à cinq livres de chlorure de chaux dans deux cents livres d'eau, et y font amollir cent livres de semence pendant vingt-quatre à trente heures.

Crespel (2) fait amollir la semence dans de l'eau chaude, et la sèche en la mêlant avec de la chaux en poudre. Il prétend que ce procédé garantit la betterave des insectes.

(1) Feuille industrielle de Cologne, 1856, p. 20. — Dubrunfaut et de Dombasle, p. 6.

(2) Schubarth, p. 4, à la fin.

Animaux qui attaquent les semis de betteraves.

Quand les graines de betteraves sont dans la terre par un temps froid et sec, les vers les mangent souvent avant qu'elles aient germé. Elles n'ont pas moins à craindre des souris. La sècheresse expose aussi quelquefois les jeunes plantes aux ravages des puces de terre, et l'humidité à ceux des limas. On peut enlever ces derniers après les avoir attirés dans les sillons au moyen de carottes râpées ou de petites branches de saule vertes, ou conduire des canards dans le champ pour dévorer ces reptiles.

On prévient jusqu'à un certain point tous ces inconvéniens en répandant sur le semis, le soir, à diverses reprises, par un temps humide, de la chaux éteinte à l'air. On recommande comme un excellent préservatif la poussière de tabac (1) humectée un peu et mêlée avec la semence. Cette substance, qu'on emploie de la même manière et avec les mêmes avantages pour toutes les graines oléagineuses et les autres semences de jardin, se trouve dans les manufactures de tabac.

Divers procédés d'ensemencement.

Il y a deux manières de mettre en terre les semences de betteraves. La première consiste à planter d'abord la graine dans la place

(1) Feuille hebdomadaire d'agriculture pour la Bavière, 1835, p. 398. Il ne faut pas confondre cette poussière avec la cendre de tabac.

que doit occuper la betterave jusqu'à la récolte ; et la seconde à transplanter dans le champ de jeunes betteraves qu'on a fait venir dans un espace plus resserré.

Quelques agriculteurs sèment les graines à la volée dans le champ destiné à la production des betteraves ; mais ce procédé est si peu rationnel, qu'il n'en sera plus question dans cet ouvrage.

La première méthode est préférable à la seconde en ce qu'elle. ne trouble point le cours de là végétation, et qu'elle épargne des frais considérables. D'un autre côté les jeunes betteraves transplantées succombent en grand nombre à la sècheresse, poussent plus de feuilles, donnent de moindres racines, et épuisent davantage le terrain, parce qu'étant privées de leur pivot, elles ne peuvent aller chercher leur nourriture dans le fond, mais la tirent de la couche superficielle au moyen de leurs racines latérales, quoique, du reste, l'air leur communique, par les feuilles, autant de substance nutritive qu'à celles qui n'ont pas été transplantées.

Mais, pour que le procédé auquel nous accordons la préférence, présente de véritables avantages, il faut que la terre soit bien ameublie et parfaitement nettoyée, sans quoi les jeunes plantes la pénètreraient difficilement, ou seraient dépassées par les mauvaises herbes, dont l'arrachement, lorsque le semis commencerait à lever, présenterait de grandes difficultés.

Il est d'autant plus nécessaire d'employer la première méthode pour les betteraves destinées à la fabrication du sucre, que celles

qui ont été transplantées n'ont pas ordinairement de pivot, mais plusieurs racines latérales, dont nous avons indiqué les incon-
véniens au § II. Ce procédé, surtout lorsque
l'ensemencement a lieu de bonne heure,
donne aussi à la plante plus de temps pour
se développer, et attirer les sucs propres à
former la matière saccharine (1). Le terrain
destiné à produire des betteraves pour la
fabrication du sucre, ne devant pas être fraî-
chement fumé, sera moins sujet à se remplir
de mauvaises herbes, et par conséquent
plutôt en état de recevoir les semences.

Distance à laquelle on doit planter les graines.

La distance à laquelle on plante les graines
des betteraves destinées à servir de nourriture
au bétail n'est pas uniforme. Elle varie d'un
à deux pieds. La plus convenable est en
général celle de vingt-un pouces entre les
lignes, et de dix-huit pouces entre les pieds
de chaque ligne : car l'éloignement des rangées entr'elles est ordinairement un peu
plus considérable que celui des plantes d'une
même rangée. On pense qu'il faut planter
plus épais dans un sol sablonneux, pour que
les feuilles l'ombragent, et y entretiennent
l'humidité. Les betteraves ne deviennent
jamais fort grosses dans cette espèce de
terrain, et ne peuvent par conséquent l'é-
puiser au point d'exercer une influence bien
désavantageuse sur les récoltes suivantes.

(1) Schubarth, p. 5.

Les betteraves destinées à la fabrication du sucre ne doivent pas être placées à une trop grande distance, une grosseur considérable ne convenant point pour cet objet. Il faut surtout les rapprocher dans un terrain qui contient du nitre et du sel, pour que ces élémens se divisent le plus possible (1).

Méthode simple et expéditive pour planter les graines.

L'époque où un terrain peut avoir reçu toutes les préparations convenables pour être ensemencé, varie de la mi-avril à la mi-mai. Les terres froides et humides sont celles où ces préparations éprouvent le plus de retard. On choisit autant que possible un temps sec; et, supposé que l'on veuille mettre vingt-un pouces de distance entre les lignes, et dix-huit pouces entre les pieds de chaque rangée, on procèdera à la plantation de la manière suivante, qui ne présente aucune difficulté :

Deux personnes prennent un cordeau long d'environ quarante-cinq pieds, pourvu d'une cheville à chaque bout, et de gros nœuds distans de dix-huit pouces dans toute sa longueur. Elles tendent le cordeau dans la direction de la première ligne, plantent les chevilles, et placent devant chacune de ces chevilles, dans une direction perpendiculaire au cordeau, un bâton de vingt-un pouces. Aussitôt que le cordeau est fixé,

(1) Dubrunfaut et de Dombasle, p. 5. — Feuille hebdomadaire d'agriculture du grand-duché de Bade , p. 84.

des ouvriers, ou mieux des ouvrières, placées derrière pour ne pas fouler le terrain meuble destiné à recevoir la semence, plantent devant chaque nœud, avec le doigt, une graine de betterave, à six ou douze lignes de profondeur. On peut compter une personne pour trois nœuds, et par conséquent pour les quarante-cinq pieds dix personnes, qui portent la semence dans un petit sac ou dans un tablier.

La distance entre les deux extrêmes des trois nœuds qui forment la portion de chaque ouvrière, est si faible, que la plantation est exécutée dans un instant sur toute la ligne. Ceux qui tiennent le cordeau sont constamment occupés à le porter au bout des bâtons qu'ils ont placés devant, et qui marquent la distance des lignes : de sorte que ni les uns ni les autres ne sont jamais obligés d'attendre.

Si le cordeau était trop long, il ne serait pas facile à diriger et à tendre en ligne droite. Quand les ouvriers sont exercés, et surveillés de manière qu'ils travaillent tous avec la même célérité, deux hommes et dix femmes peuvent planter trois journaux de France en un jour.

Quelques personnes mettent deux ou trois grains dans chaque trou pour être plus sûres qu'il ne reste aucune place vide ; mais elles ont alors trop de plantes à arracher. Quand on a eu soin de se procurer de bonne semence, il y a peu de grains qui ne produisent pas une racine.

Le procédé que nous venons d'indiquer, et qui exige de six à huit livres de semence par hectare, est très en usage dans notre pays.

Autres manières de planter les graines.

Quelques ouvrages indiquent d'autres procédés pour planter les graines de betteraves, et particulièrement l'emploi de machines (1), qui est moins sûr, et exige plus de semence que le plantage à la main. Cependant Crespel, d'Arras (2), a porté récemment à un très-haut degré de perfection un semoir pour les céréales et pour les autres graines, qui coûte quatre cents francs à Arras, et dont le gouvernement prussien a fait venir un modèle pour en faire construire de semblables à Berlin.

Nous allons décrire les principales méthodes de plantage à la main qui diffèrent de celle que nous avons recommandée dans l'article précédent.

En France (3) on enfonce les semences d'un pouce et demi à deux pouces dans la terre. La distance des plantes se règle d'après la fertilité du sol. Il y a ordinairement seize à vingt pouces entre les lignes, et huit pouces entre les racines de chaque rangée. Dans les bonnes terres on compte une betterave par pied carré, on met les grains à quatre pouces l'un de l'autre, et l'on arrache

(1) Feuille centrale d'agriculture, 1835, p. 181.—Feuille industrielle de Cologne, 1836, p. 19. — Dubrunfaut et de Dombasle, p. 7.

(2) Schubarth, p. 4.

(3) Feuille industrielle de Cologne, 1836, p. 20. — Dubrunfaut et de Dombasle, p. 6.

ensuite les plantes superflues. Le champ étant
convenablement hersé et roulé, on trace
les lignes avec un instrument propre à cet
usage. Ensuite deux personnes font les trous
avec des plantoirs semblables à ceux dont
on se sert pour planter les haricots. Elles
sont suivies chacune de deux enfans qui
mettent les grains dans ces trous, et d'un
troisième qui les remplit avec un mélange
de noir d'os déjà employé au raffinage, de
chaux et de cendre. Deux grandes personnes
et six enfans, quand les uns et les autres
sont bien exercés, peuvent planter plus d'un
demi-hectare en un jour. Il faut de huit à
dix livres de semence par hectare. Le champ
doit être roulé une seconde fois après l'ensemencement.

En Bohême (1) on donne la préférence
au procédé qui consiste à planter derrière
la charrue, dans la terre encore fraîche
qu'elle vient de retourner. Si les sillons sont
larges, on plante sur le second; et s'ils sont
étroits, sur le troisième, de façon qu'il y ait
au moins un pied de distance entre les lignes.
La charrue doit, comme au labour précédent, mordre deux ou trois pouces plus
bas qu'à l'ordinaire. Pour la culture en grand
on fait marcher l'une derrière l'autre deux
ou trois charrues, suivant que les sillons
sont plus ou moins larges, et l'on plante
toujours dans la terre retournée par la dernière. Les charrues ne devant pas tracer de
nouveaux sillons avant que le dernier soit

(1) Weinrich, p. 5.

ensemencé, il faut de dix à seize planteurs qui travaillent toujours deux à deux.

Le premier, aussitôt que la charrue a passé près de lui, enfonce, avec trois doigts, les grains de semence à un pied de distance et à trois pouces de profondeur, sur l'arête de la bande de terre qui vient d'être retournée. Quand le sol est très-meuble, il retombe dans les trous, aussitôt qu'on en a retiré les doigts, assez de terre pour que les grains s'en trouvent recouverts de deux pouces. Si la terre est moins ameublie, on obtient le même résultat en enfonçant les grains obliquement. Le second planteur suit le premier, enfonce d'autres grains entre ceux qu'a plantés celui-ci, et sur la même ligne, mais seulement à un pouce de profondeur, et les recouvre d'environ six lignes de terre.

La distance entre les grains est alors de six pouces, et il y en a toujours un plus enfoncé à côté d'un qui l'est moins. Si le temps est sec, ce sont les premiers qui lèvent; s'il est humide, ce sont les derniers.

On laisse les sillons intacts jusqu'à ce que le semis ait levé; on remplace une ou deux fois les grains qui ont manqué; et ce n'est que dans le cas où il resterait encore alors quelques places vides, qu'on les remplit avec de jeunes plantes.

Semis pour la transplantation.

Lorsque le sol ne peut pas être assez bien et assez tôt ameubli pour qu'il soit avantageux d'y placer les graines à demeure, on est obligé de les semer pour transplanter ensuite.

Le terrain le plus convenable pour cet objet, surtout quand on ne cultive pas la betterave en grand, est un carreau de jardin bien exposé à l'air et au soleil, à l'abri des vents du nord et de l'est, et soigneusement cultivé en automne et au printemps. L'engrais frais rendant les plantes délicates quand on les transporte dans un sol de qualité inférieure, une fumure ancienne, et cependant énergique, lui est préférable, quoique plusieurs agriculteurs de notre pays soutiennent le contraire. Si un jardin ne suffit pas pour la production des jeunes plantes, il faut y consacrer environ la quinzième partie des terres destinées à la culture des betteraves, en choisissant pour cela les plus fertiles.

L'automne, même dans les pays tempérés, n'est point une saison convenable pour semer la betterave : car les graines sont exposées, pendant l'hiver, à trop d'accidens ; et d'ailleurs la végétation de la betterave, comme celle des autres plantes, a une époque déterminée. Quand les semences ont été répandues en automne, ou même au commencement du printemps, les plantes montent souvent, et ne donnent qu'une racine ligneuse. On doit mettre les graines en terre de la mi-mars à la fin d'avril, selon que le sol est plus ou moins froid , c'est-à-dire quand on n'a plus à craindre de fortes gelées.

On sème à la volée ou par lignes. Le dernier procédé est préférable en ce que les grains peuvent être recouverts plus uniformément. On ne met que neuf pouces de distance entre les rangées, on écarte les grains de manière à pouvoir ensemencer un hectare avec environ quatre-vingts livres, et on les recouvre d'un pouce de terre.

Quand les plantes ont quatre feuilles, on les sarcle, et l'on en arrache assez pour qu'il reste d'un pouce à un pouce et demi de distance entre deux. Au bout de quinze jours on renouvelle le sarclage avec la houe. Il ne faut arroser qu'avec beaucoup de réserve : car un arrosement en exige d'autres, et leur fréquente répétition durcit le terrain.

§ IX.

TRANSPLANTATION.

—

1. *Arrachement.*

De la fin de mai au milieu de juin, quand la racine des plantes a la grosseur d'un tuyau de plume, et aussitôt que la température est favorable, c'est-à-dire, autant que possible, après une pluie chaude, on arrache toutes celles d'une rangée, et on en laisse de petites dans la seconde, à la distance qu'on veut observer en plantant. Elles réussissent parfaitement si l'on a pris les précautions nécessaires pour ne pas les endommager.

Quand les betteraves sont cultivées pour servir de nourriture au bétail, il n'y a pas d'inconvénient à rogner un peu les pointes des racines, parce qu'il est difficile de donner à toutes, en les mettant dans la terre, une position verticale ; mais celle des betteraves destinées à la fabrication du sucre doit rester intacte.

On fait tremper les jeunes plantes en les plaçant, la tête en haut, dans un baquet rempli en partie d'un mélange de terre glaise et de jus de fumier, après leur avoir coupé les feuilles à 3 ou 4 pouces au dessus de la racine, et on les transporte, ainsi disposées, sur le terrain qui doit les recevoir.

Quelques agriculteurs remplacent la terre glaise par la bouse de vache, regardant le mélange de cette substance avec le jus de fumier comme un préservatif contre les insectes ; tandis que d'autres prétendent qu'il les attire, et occasione le chaudepied. Les propriétés particulières du sol contribuant peut-être plus que tout le reste à garantir les plantations de ces accidens ou à les y exposer, il n'est pas possible de donner des indications positives à cet égard.

2. Différentes manières de planter les betteraves.

1. *Plantation au plantoir.* On trace des lignes à la distance prescrite, et l'on met les jeunes betteraves en terre au moyen du plantoir, avec lequel on presse la terre contre la racine.

2. *Plantation à la bêche.* Un ouvrier enfonce une bêche dans la terre, et la pousse en avant de manière à former une ouverture dans laquelle un autre ouvrier ou un enfant

glisse la plante. Le premier laisse tomber la terre, et la presse du pied avec précaution contre la racine. Cette méthode est préférable à la précédente en ce qu'elle est plus expéditive, et donne plus de facilité pour mettre la racine dans la terre et lui faire prendre une position convenable.

3. *Creux* (1). Deux ou trois ouvriers font, en travers du champ et à la distance prescrite, des creux profonds de 5 à 6 pouces. Une personne plus faible les suit, et jette une plante sur chaque trou. Ensuite on tire du creux un peu de terre avec la main droite, et l'on y introduit dans une position perpendiculaire la jeune betterave, contre laquelle on presse doucement la terre extraite.

4. *Plantation à la charrue* (2). On pose les plantes dans le deuxième ou le troisième sillon, à la distance convenable, et de sorte que les racines soient recouvertes par le sillon suivant, sauf à corriger ensuite les défectuosités de l'opération. Cette méthode, particulièrement usitée dans le bailliage de Fallersleben, épargne des journées d'ouvriers, et accélère la croissance des betteraves. Le champ planté de cette manière est aussi moins foulé que ceux pour lesquels on emploie d'autres procédés.

En France (3) deux charrues qui se sui-

---

(1) Transactions économiques, 1833, p. 281.

(2) Ce procédé, pratiqué par plusieurs agriculteurs de notre pays, est aussi recommandé par la Feuille mensuelle de Potsdam, 1835, pages 55 — 56.

(3) Feuille industrielle de Cologne, 1836, p. 22. — Dubrunfaut et de Dombasle, p. 8.

vent creusent un sillon profond; puis on place les plantes de huit en huit pouces sur la terre meuble, contre laquelle on les presse en laissant passer les feuilles. Ensuite on fait la même chose de l'autre côté du champ; et, lorsque les deux laboureurs reviennent, le premier, en traçant un nouveau sillon, en renverse la terre sur les plantes, et l'autre en fait un troisième, qui est simple comme le second. En même temps deux personnes,. avec des houes, achèvent de couvrir les racines de terre qu'ils pressent contre elles. Après cela on fait un deuxième sillon double dans lequel on place encore des plantes, et qui est également suivi de deux simples. Deux charrues, avec trois ou quatre personnes, peuvent planter de cette manière environ quatre-vingts ares en un jour.

Quelque procédé qu'on emploie, les plantes qui périssent doivent être soigneusement remplacées.

5. *Arrosement.*

Quand la sècheresse est continue, et que cependant l'avancement de la saison ne permet pas de différer la transplantation, quelques personnes font verser de l'eau dans les trous environ une heure avant d'y mettre les plantes. Les avis des cultivateurs sont partagés sur l'utilité de cet arrosement. Les uns le regardent comme préférable au rafraîchissement des racines au moyen de jus de fumier mêlé avec de la terre glaise ou de la bouse de vache; d'autres, au contraire, lui reprochent de contribuer à durcir le terrain. Plusieurs agriculteurs versent de l'eau ou du jus de fumier sur le pied de la bette-rave qui vient d'être plantée, ou dans un trou pratiqué à côté. Les avantages ou les incon-véniens de l'arrosement en général dépen-dent surtout de la constitution particulière du sol : il ne peut guère nuire aux terrains sablonneux ; mais il ne faut arroser les terres compactes que dans le cas d'une extrême nécessité.

§ X.

SARCLAGE, HOUAGE ET BUTTAGE.

—

1. *Sarclage et houage en général.*

Il est à observer en général qu'un champ de betteraves doit recevoir le nombre de sar-clages et de houages nécessaire pour le net-toyer des mauvaises herbes, et ameublir la couche superficielle afin que l'air puisse y pénétrer, c'est-à-dire ordinairement deux ou trois, qui ne doivent jamais être différés trop long-temps. Ils sont indispensables jus-qu'à ce que les feuilles des betteraves, cou-vrant entièrement le sol, étouffent les plantes qui nuisent à leur végétation. Un temps sec est le plus convenable pour le houage. Le sarclage, au contraire, est plus facile après la pluie, surtout dans un terrain compacte. Un houage profond aurait pour les terres sa-blonneuses l'inconvénient de les exposer à se dessécher trop promptement.

2. *Nettoiement du champ dans lequel on a planté les semences, et arrachement des plantes superflues.*

Le champ dans lequel on a placé la semence à demeure, n'ayant pas été labouré aussi tard que celui où l'on a transplanté les betteraves, doit ordinairement être houé ou nettoyé une fois de plus. On le nettoie d'abord en éclaircissant les jeunes plantes.

Chaque grain de semence pouvant produire plusieurs betteraves, tandis qu'il ne doit en rester qu'une seule à chaque place, il faut enlever les autres aussitôt qu'on le pourra, et au plus tard quand elles auront atteint la longueur du petit doigt, de crainte que, si elles étaient plus fortes, on n'arrachât en même temps celles qu'on a l'intention de laisser subsister. A moins qu'on ne veuille employer ces plantes superflues à remplir les places vides, le meilleur moyen de les détruire est de couper la racine dans la terre, avec un couteau, assez bas pour la faire périr.

Il faut en même temps débarrasser le champ, au moyen d'une houe à main, des mauvaises herbes qui commencent à paraître; mais l'instrument doit pénétrer au plus à un pouce de profondeur, pour ne pas soulever les jeunes plantes. Les houages suivans auront, si le sol le permet, de deux à trois pouces de profondeur.

3. *Houage du champ où l'on a transplanté les betteraves.*

Les champs où l'on a planté des betteraves sont ordinairement houés pour la première fois quand les plantes dépassent un peu la longueur du doigt.

4. *Emploi de la houe à cheval.*

Quand on cultive les betteraves en grand, et qu'elles sont disposées en lignes droites, on peut se servir, pour abréger le travail, de la houe à cheval, pourvue d'un fer plat ou cintré. Ce fer doit être assez étroit pour ne pas endommager les plantes, et cependant assez large pour atteindre le but qu'on se propose en l'employant. On peut houer ainsi près d'un hectare par jour; mais il faut arracher par les moyens ordinaires les mauvaises herbes qui sont trop rapprochées des plantes.

5. *Buttage.*

Le buttage est-il utile aux betteraves? Il n'est pas de question sur laquelle les agriculteurs de notre pays soient moins d'accord. Ceux-ci le regardent comme indifférent, ceux-là comme avantageux, et d'autres comme nuisible. Plusieurs même prétendent que les betteraves qui croissent en grande partie hors de terre doivent être entourées d'un creux en forme de chaudron, pour qu'elles se développent davantage au dessus du sol, et attirent plus d'humidité.

Il est certain que le buttage ne convient point aux betteraves destinées à servir de nourriture au bétail, et surtout à celles qui croissent hors de terre, puisqu'il leur enlève l'affluence de l'humidité; mais il est, au contraire, avantageux pour celles qu'on veut employer à la fabrication du sucre : car il contribue à rendre leur partie supérieure plus riche en matière saccharine. Il peut aussi fournir un moyen de remédier au défaut de profondeur de la couche végétale, en réunissant autour de la plante une quantité de terre dont autrement elle n'aurait pas profité.

§ XI.

EFFEUILLAGE.

—

1. *Emploi des feuilles.*

L'UTILITÉ qu'on peut retirer des feuilles de la betterave, et l'influence de leur enlèvement sur la racine, sont deux points à l'égard desquels on remarque une grande différence dans les opinions des agriculteurs.

Thaer, dans son *Agriculture rationnelle,* tom. II, pag. 229, prétend que les feuilles enlevées à la fin de l'été, peu de temps avant que la végétation cesse, n'offrent aucun avantage, cette espèce de fourrage ne plaisant point au bétail; et parmi les cultivateurs hanovriens plusieurs n'effeuillent point leurs betteraves; mais le plus grand nombre, regardant comme très-profitable l'emploi de ces feuilles, que les bêtes à cornes et les porcs mangent avec avidité, les recueillent dès le commencement d'août, ou même dès la fin de juillet, et répètent une ou plusieurs fois cette opération.

Pour les vaches, dont les feuilles augmentent le lait et l'embonpoint, il est bon de les hacher avec un peu de paille d'orge pour qu'elles ne leur donnent pas la diarrhée, et que ces animaux ne les dispersent pas en écartant les mouches avec leur souffle. Pour les porcs le meilleur est de les couper avec un couteau afin qu'ils les mangent avec plus d'appétit, et ne rebutent pas les côtes, qui en sont la partie la plus nourrissante.

Un agriculteur des environs de Hameln donne d'abord des feuilles de betteraves aux vaches qu'il engraisse en été pour les livrer à la boucherie pendant l'hiver; et cette nourriture, sans aucun supplément de grains égrugés, leur fait prendre beaucoup d'accroissement. On peut également les faire servir à l'engraissement des porcs et des bêtes à laine.

On emploie aussi les feuilles de betteraves pour adoucir le goût du tabac ordinaire du pays, en les mêlant aux feuilles de tabac destinées à être mises en rouleaux, après les avoir suspendues et fait sécher comme ces dernières (1). Cet usage était surtout répandu à l'époque de l'occupation française, où le prix élevé des tabacs étrangers obligeait les consommateurs de recourir à des procédés économiques.

(1) Instruction sur la culture des betteraves, Stargard, 1836, p. 14.

2. *Influence de l'effeuillage sur la betterave.*

Il est reconnu, du reste, que l'effeuillage prématuré nuit à la racine, en la privant pour quelque temps d'une partie des organes au moyen desquels elle s'appropriait les sucs nutritifs contenus dans l'atmosphère, et en même temps de la portion considérable de force végétative nécessaire pour la reproduction de nouvelles feuilles. On ne doit donc enlever que les feuilles inférieures, et lorsqu'elles commencent à jaunir, ce qui arrive ordinairement dans les premiers jours de septembre.

Cependant, quand on manque de fourrage, et que les betteraves végètent avec beaucoup de vigueur, on peut les effeuiller dès le mois d'août sans autre inconvénient que de rendre leur partie supérieure ligneuse et fibreuse; et l'on continuera tant qu'elles auront plus de quatre ou cinq feuilles sans comprendre le cœur.

3. *Enlèvement de la fane au moyen d'un instrument tranchant.*

Le cultivateur des environs de Hameln dont nous avons déjà parlé, regarde l'effeuillage ordinaire comme plus nuisible à la racine que si l'on coupait la fane entière une main au dessus du cœur. Il soumet les betteraves à cette opération dès le mois d'août, et peut ainsi faire une seconde récolte de feuilles sans que la plante en souffre d'une manière sensible. Il prétend que ce procédé cause peu de dommage, et ne fait pas languir la plante, parce que la solution de continuité a lieu à une certaine distance de la tige, et par une coupure nette, plus facile à guérir que la plaie qui suit l'arrachement.

Cet agriculteur croit même avoir observé que, si l'on a laissé le cœur intact, sa méthode produit un effet analogue à l'étêtement des arbres, c'est-à-dire qu'elle fait prendre plus de force à la partie inférieure de la fane; et il estpersuadé qu'elle ne diminue aucunement la qualité de la racine.

4. *Effeuillage de la betterave destinée à la fabrication du sucre.*

On ne doit effeuiller les betteraves destinées à la fabrication du sucre qu'une huitaine de jours avant la récolte (1) : car la privation de leurs feuilles, les exposant à toutes les ardeurs du soleil, ne permettrait pas à la racine d'acquérir la régularité de forme désirable, et d'élaborer convenablement la matière saccharine. On peut néanmoins, dans le cas d'un pressant besoin de fourrage, enlever un peu plus tôt les feuilles dont les côtes commencent à se flétrir (2).

(1) Feuille centrale d'agriculture, 1835, p. 183.— Weinrich, p. 7.

(2) Feuille industrielle de Cologne, 1836, p. 23. — Dubrunfaut et de Dombasle, p. 9.

§ XII.

ACCIDENS ET MALADIES.

La betterave, craignant peu les insectes, est de toutes les racines celle qui éprouve le moins d'accidens graves pendant la végétation. Elle n'en est cependant pas entièrement exempte. Nous allons faire connaître ceux dont elle a quelquefois à souffrir.

Nous avons déjà indiqué les dommages que les insectes peuvent causer aux semences et aux plantes, et les moyens à leur opposer.

Les plantes peuvent souffrir de la gelée quand elles n'ont encore développé que leurs cotylédons (1); mais elles la craignent peu lorsqu'elles ont quatre feuilles, le jet du milieu étant alors mieux garanti, surtout quand les lignes sont un peu rapprochées.

La stagnation des eaux étant très-nuisible aux betteraves, qu'elle fait souvent périr (2), il faut avoir soin, pendant l'été, de les faire écouler promptement.

Les jeunes plantes sont quelquefois atteintes, le plus ordinairement avant d'avoir poussé six feuilles, d'une maladie à laquelle on donne en France le nom de *chaudepied* (3), et qui arrête leur croissance, quoique les feuilles conservent beaucoup de verdure et de fraîcheur. La racine, au contraire, est souvent si brune et si ratatinée, que la plante

(1) Feuille industrielle de Cologne, 1836, p. 23.
(2) Ibidem.
(3) Feuille industrielle de Cologne, 1836, p. 25.

semble perdue sans ressource. Cependant une température chaude et humide lui fait presque toujours recouvrer sa vigueur. La partie endommagée se détache, puis elle est remplacée par une nouvelle racine. En France les betteraves ne sont guère sujettes au chau-depied que dans un sol marneux qui contient peu de substance nutritive, et quand à cette circonstance vient se joindre la froideur de la température. Il suffit, pour les en préserver, d'employer à leur culture un champ qui ne soit pas trop épuisé, de l'ameublir profondément, et de l'entretenir en bon état au moyen du mélange de noir d'os, de chaux et de cendre dont nous avons déjà parlé. Mais chez nous cette maladie attaque, même dans un sol passablement fertile, les betteraves transplantées aussi bien que celles qui ont été semées à demeure; et plusieurs agriculteurs prétendent qu'on les y expose en faisant tremper les graines dans du jus de fumier, ou les jeunes plantes dans un mélange de ce liquide avec de la bouse de vache.

Souvent la tête d'une betterave est creuse. La cavité est recouverte d'une écorce brune, et contient quelquefois du sable. C'est par là que commence la pourriture. On attribue cette difformité (1) à de la terre qui, lors du houage, est tombée dans le cœur, et l'a fait périr. Les feuilles qui l'environnaient poussent alors avec plus de vigueur, et la pluie agrandit la plaie, qui est ensuite recouverte par les bords.

(1) Feuille industrielle de Cologne, 1856, p. 25.

§ XIII.

RÉCOLTE DES BETTERAVES.

Quand les feuilles inférieures des betteraves se colorent fortement en jaune, se frisent, et penchent vers la terre, ce qui arrive ordinairement à la fin de septembre et au commencement d'octobre, on reconnaît à ces signes que les racines ont acquis tout leur développement. Il n'est cependant pas nécessaire de hâter la récolte, les froids au dessous de 4 degrés Réaumur étant peu à craindre pour la racine, surtout quand elle croît entièrement dans la terre. On prétend même que pendant les dernières semaines elle gagne encore quelque chose en matière saccharine (1). Il suffit donc que la récolte soit terminée au commencement de novembre; il vaut mieux, néanmoins, la faire du 10 au 20 octobre (2).

Différentes manières d'arracher la betterave.

On doit choisir, pour séparer la betterave de la terre, un temps bien sec, l'humidité la rendant sujette à pourrir. On peut l'arracher de différentes manières ; voici le procédé en usage dans notre pays :

On enlève d'abord la fane en la coupant, ou, ce qui vaut mieux, en la tordant. On peut faire cette opération successivement, et la com-

---

(1) Feuille centrale d'agriculture, 1835, p. 296. — Feuille industrielle de Cologne, 1836, p. 25. — Dubrunfaut et de Dombasle, p. 9.

(2) Weinrich, p. 7.

mencer plusieurs jours à l'avance, afin d'avoir le temps d'employer les feuilles à la nourriture du bétail, et pour que les têtes des betteraves aient le temps de sécher. L'enlèvement de la fane au moyen d'un instrument tranchant est surtout nuisible quand la betterave doit rester encore quelque temps dans la terre : car il la rend sujette à se ratatiner à l'endroit de la coupure, et plus sensible à la gelée.

Si les betteraves sortent beaucoup de terre, ou que le sol soit léger, on les tire avec la main, et l'on frappe doucement deux racines l'une contre l'autre, pour faire tomber la terre qui y est attachée. Mais si elles tiennent trop au sol, il faut les en séparer au moyen d'une bêche ou d'un autre instrument.

Pour accélérer le travail, on peut mettre en lignes les betteraves arrachées, en tournant toujours la fane d'un même côté, après quoi un ouvrier exercé enlève, avec une bêche bien tranchante, la fane et l'extrémité supérieure de la racine (1). Plus la coupure est petite, moins la betterave est sujette à la pourriture. Si l'on est obligé d'employer la bêche pour tirer les betteraves, et qu'en même temps on veuille enlever la fane par la méthode que nous venons d'indiquer, il faut toujours que deux ouvriers travaillent ensemble. Le plus fort arrache

(1) En France on a pour cet usage un petit fer plat fixé à un long manche, et avec lequel une personne effeuille autant de betteraves que six peuvent en arracher. Schubarth, p. 5.

les plantes, et l'autre les prend par les feuilles pour les placer en lignes.

En Bohême (1) on arrache les betteraves avec la charrue, puis on les dispose par rangées, et l'on coupe la fane au moyen d'une faucille. En France (2) on a renoncé à cette méthode parce qu'on a trouvé que la charrue et les pieds des chevaux endommageaient trop les racines.

Précautions nécessaires pour ne pas endommager les racines.

Il faut surtout prendre garde de meurtrir les betteraves en les frappant l'une contre l'autre pour en séparer la terre, la moindre lésion les exposant à la pourriture. On doit donc bien se garder d'en retrancher les racines chevelues. Quand les betteraves ont crû dans un sol meuble et léger, le chargement et le déchargement détachent une grande partie de la terre qui tient à ces radicules; et, si l'on veut les employer comme fourrage, on peut faire tomber le reste avant de les donner au bétail : elles seront alors assez propres pour ne lui faire aucun mal. Celles qu'on destine à la fabrication du sucre doivent être nettoyées avec plus de soin avant la mani-

(1) Weinrich, p. 7. On trouve dans la fabrique de Thurn et Taxis, à Dobrawitz, près de Jungbunzlau, au prix de neuf florins, monnaie de convention, une charrue qui peut servir pour cette opération, et en même temps pour houer, pour butter, et pour ameublir le sous-sol à une grande profondeur.

(2) Schubarth, p. 5.

pulation (1). Si les betteraves ont été cultivées dans un terrain compacte, il est indispensable d'en séparer la terre qui s'y est attachée en grande quantité, et qui pourrait nuire à leur conservation en développant leur faculté végétative; mais ce nettoiement exige beaucoup de précaution.

Transport.

On met les betteraves et la fane en tas séparés, et on les enlève du champ. Lorsque le temps est beau, et qu'on n'a pas de gelées à craindre, on y laisse les racines pendant quelques jours pour les faire sécher (2). Si l'on conserve la moindre inquiétude à l'égard de la gelée, ou qu'on éprouve du retard faute de moyens de transport, on en forme des pyramides de 3 pieds de hauteur, que l'on couvre soigneusement avec des feuilles ou de la paille pour les garantir du froid, qui leur est très pernicieux aussitôt qu'elles sont hors de terre (3).

Quelques agriculteurs font jeter sur la

(1) Voyez, à la suite de cet ouvrage, la description et la figure d'un cylindre à laver les betteraves.

(2) Les agriculteurs français ont appris, par l'expérience, que les betteraves qui restent exposées au soleil, s'échauffent, et entrent ensuite en fermentation dans les magasins où on les conserve. C'est pourquoi ils ont pris l'habitude de les couvrir de feuilles pendant les heures les plus chaudes de la journée, et de les enlever le matin de bonne heure. Schubarth, p. 5.

(3) Feuille industrielle de Cologne, 1836, p. 26. — Dubrunfaut et de Dombasle, p. 9.

voiture les racines avec leurs feuilles, trouvant plus commode de les séparer et de nettoyer les premières à la maison. Mais alors les feuilles sont mal-propres, s'échauffent facilement et deviennent ainsi moins profitables au bétail.

Séparation des betteraves endommagées.

Si les betteraves ne sont pas assez sèches lorsqu'on les enlève du champ, il faut les décharger d'abord dans un hangar bien aéré, et où elles soient suffisamment garanties du froid. Là on sépare, pour s'en servir de suite, les betteraves meurtries, creuses ou attaquées de la gelée, si on ne l'a pas déjà fait dans le champ. On doit aussi, dans le même but, mettre de côté celles qui sont très-grosses, comme plus sujettes à la pourriture.

§ XIV.

CONSERVATION DES BETTERAVES.

Il n'est pas facile de conserver long-temps les betteraves sans qu'elles perdent rien de leur qualité. La difficulté ne consiste pas à les garantir du froid et de la lumière, mais à les tenir constamment dans une température telle qu'elles ne puissent ni pourrir, ni développer leur force végétative.

Caves.

Les caves remplissent assez bien ces conditions quand elles sont sèches et peuvent être convenablement aérées, pourvu qu'on n'y introduise pas les betteraves par une trop grande chaleur. On les y dispose en tas de six pieds carrés, en laissant un pied et demi de distance entr'eux, et deux pieds d'espace libre le long des murs, afin que les renouvellemens de l'air remplissent complètement leur but, et qu'on puisse aller partout en cas de pourriture. Le sol doit être couvert de sable sec qu'on aura soin de changer tous les ans. Quand la température est au dessous du point de la gelée, on ouvre chaque jour les soupiraux, mais on les ferme pour la nuit.

Tas recouverts de paille et de terre.

Un procédé aussi bon, et même préférable, consiste à entasser les betteraves en plein air, et à les couvrir ensuite de paille et de terre. La cave est alors réservée pour celles qu'on veut immédiatement employer. Il est bon que les tas ne soient pas trop gros, afin qu'on puisse, en hiver, par un temps doux, les rentrer successivement à mesure qu'on en a besoin. Les betteraves se conservent ainsi jusqu'au mois de mai sans rien perdre de leur qualité comme fourrage. Ces tas se font de deux manières différentes, que nous décrirons chacune en particulier, après avoir indiqué ce qui concerne en même temps l'une et l'autre.

Indications générales. — On choisit, dans un jardin ou dans un champ, mais à peu de distance de la maison, un terrain sec, un peu élevé, et abrité autant que possible du côté de l'est et du nord. On creuse la surface de six à douze pouces de profondeur, on la bat, et on la couvre d'un peu de paille.

1. *Dos-d'âne.* — On entasse les betteraves avec soin, en forme de dos-d'âne, sur une longueur quelconque, une hauteur de trois à quatre pieds, et une largeur de quatre à six, de manière que les bouts, et non les côtés, soient exposés aux vents froids. On tourne ordinairement les racines en dehors; cependant quelques-uns croient qu'il vaut mieux les tourner en dedans. Ensuite on étend sur le tas une couche de quatre à six pouces de paille qu'on fait descendre jusque dans le fossé pour que la terre qu'on doit mettre par-dessus ne touche pas immédiatement les betteraves, et en même temps afin de les garantir des fortes gelées. On fera bien d'employer à cet usage de la paille qui ait été quelque temps devant les moutons, pour qu'elle n'attire pas les souris. On recouvre le tout, en commençant par le bas, de six à douze pouces de terre, en la foulant et en la battant par couches afin de la rendre imperméable à l'air. Pour que cette couverture soit plus solide, on peut la battre de nouveau après une pluie. Il est bon de ne la monter d'abord qu'à un pied de hauteur, afin que les betteraves aient le temps de se débarrasser, par l'évaporation, d'une grande partie des principes qui les rendent si sujettes à s'échauffer. On peut l'achever au bout de deux à trois semaines, en laissant de trois pieds en trois pieds sur la longueur des ouvertures qu'on bouche avec de la paille, et que l'on couvre de fumier long aussitôt qu'on voit commencer les fortes gelées.

2. *Cônes.* — On choisit un espace circulaire d'environ douze pieds de diamètre. On enfonce au milieu, mais de manière à pouvoir l'arracher sans peine, un pieu de sept pieds, autour duquel on entasse les betteraves, en rétrécissant les couches à mesure que l'on monte : de sorte que le tas présente enfin la forme d'un cône dont le pieu dépasse un peu le sommet, et qui contient environ cent quintaux de betteraves. On le couvre ensuite de la manière indiquée ci-dessus, on enlève le pieu avec précaution, et l'on bouche l'ouverture avec un tampon de paille qui puisse garantir les betteraves de la gelée sans empêcher l'évaporation.

Tant que le froid ne dépasse pas 10 degrés Réaumur, les betteraves ainsi entassées n'ont rien à craindre; mais si les gelées deviennent plus fortes, qu'il n'y ait pas de neige, et que le vent du nord ou de l'est souffle avec violence, il est bon de les couvrir d'une couche mince de fumier long, et d'en mettre même un peu plus à l'est et au nord, surtout vers le pied. Il faut enlever ce fumier aussitôt que le dégel commence.

Conservation des betteraves destinées à la fabrication du sucre.

Si la conservation des betteraves est une chose importante dans tous les cas, elle l'est à plus forte raison pour celles qu'on destine à la fabrication du sucre. Il serait trop long de décrire ici les différentes méthodes qu'on a essayées ou qu'on pratique encore en France et en Bohême dans le but de garder le plus long-temps possible sans altération les betteraves dont on veut extraire la matière saccharine (1).

Nous ne croyons cependant pas devoir passer sous silence un perfectionnement que l'on a apporté l'année dernière aux procédés employés en Bohême pour conserver les betteraves hors des maisons en longs tas de cinq pieds de largeur et de trois à quatre pieds de hauteur : il consiste en ce que le tas est traversé dans toute sa longueur par un tuyau en planches posé sur le sol, et coupé de deux en deux ou de trois en trois toises par de plus courts. Ces tuyaux ont, en dehors du tas, chacun deux orifices en forme de toit qui dépassent la couverture, et qu'il est facile de boucher hermétiquement au besoin. A chacun des points où les tuyaux horizontaux se rencontrent, est placé un tuyau perpendiculaire fait avec de fortes verges d'osier, sortant par le haut, et dont l'ouverture, large d'environ six pouces, peut être fermée comme celles des premiers.

Ces espèces de soupiraux offrent le moyen d'introduire des thermomètres dans l'intérieur des tas pour en observer la tempé-

---

(1) Feuille industrielle de Cologne, 1836, p. 29 et 30. — Dubrunfaut et de Dombasle, p. 11. — Schubarth, p. 5. — Feuille centrale d'agriculture, 1835, p. 170.

rature, et de la maintenir toujours au même degré en les ouvrant ou en les fermant à propos.

Outre ces avantages, le procédé que nous venons de décrire devait permettre de couvrir les betteraves immédiatement après la récolte sans que l'évaporation pût leur nuire, lors même qu'il y aurait de fortes chaleurs à la fin de l'automne, puisqu'on peut boucher les orifices pendant le jour, et les ouvrir pendant la nuit. On se promettait même de pouvoir entasser sans inconvénient des betteraves humides, et les faire sécher en établissant des courans d'air.

Nous ne savons pas encore si l'on a obtenu de cette méthode les succès qu'on en espérait. Du reste il faut employer le plus tôt possible les betteraves destinées à la fabrication du sucre; et l'on ne pourrait les garder au delà du mois de mars sans avoir à craindre l'altération de la matière saccharine.

§ XV.

MOYEN DE RECUEILLIR SOI-MÊME LA SEMENCE DONT ON A BESOIN.

La bonté de la semence étant un point capital, et sa récolte ne présentant aucune difficulté, on ne saurait excuser la négligence de ceux qui, comme plusieurs cultivateurs du Lunebourg et de l'Ost-Frise, l'achètent, sans aucune garantie, auprès du premier marchand qui leur en présente.

1. *Choix des betteraves destinées à la production de la semence.*

On choisit, pour porter la semence, des betteraves de moyenne grosseur, fermes, droites et vigoureuses, qui n'aient qu'un pivot, sans racines secondaires. Il est bon de faire ce choix au moment de la récolte, afin d'apporter à l'arrachement les précautions nécessaires, et de pouvoir prendre, sans crainte de se tromper, les espèces que l'on désire (1). On coupe toutes les feuilles à l'exception du cœur. On laisse sécher la terre attachée aux racines; puis, quand elle est tombée, on met les plantes dans un endroit bien aéré, frais, obscur et à l'abri de la gelée. Pour qu'elles ne s'échauffent pas, on les enterre dans du sable sec, en leur donnant une position un peu oblique, de manière que le cœur reste entièrement dégagé.

2. *Conservation des betteraves destinées à porter la graine.*

Les betteraves destinées à donner de la semence peuvent se conserver en hiver dans des caves; mais elles se gardent encore mieux dans une fosse sèche de deux pieds de profondeur, sur laquelle on met d'abord des perches, puis un peu de bois, et ensuite

(1) Si l'on veut avoir de la semence de betteraves blanches, il ne faut pas la recueillir sur celles qui ont des feuilles rougeâtres, cette couleur étant déjà un signe de dégénérescence. Du reste il paraît qu'elles s'abâtardissent moins dans le sable que dans l'argile. Feuille centrale d'agriculture, 1835, p. 183.

une couche de feuilles épaisse d'un pied et demi à deux pieds, ce qui suffit pour garantir les betteraves de la gelée. Par les froids rigoureux qui ne sont pas accompagnés de neige, on peut ajouter à cette couverture un peu de fumier long, mais jamais de paille, de peur d'attirer les souris. Quand le temps s'adoucit, il faut enlever le fumier, et donner de l'air aux feuilles.

3. *Transplantation des betteraves destinées à produire la semence.*

Vers le mois d'avril, quand il n'y a plus de fortes gelées à craindre, on plante les betteraves, avec une bêche, jusqu'au dessous du cœur, et à deux pieds de distance, dans une bonne terre de jardin bien préparée, ou, si l'on a besoin d'une plus grande étendue de terrain, dans un champ meuble, labouré profondément, et hersé avec soin. Quand les nuits sont très-froides, on peut couvrir les planches de mousse, de paillassons ou de fumier qu'on aura soin d'ôter au lever du soleil.

Si le champ conserve assez de fertilité, il n'est pas nécessaire de lui donner une fumure fraîche. L'ombre nuisant au développement des fleurs, il faut choisir pour cette culture un terrain bien exposé, et diriger les lignes du sud au nord, pour que les plantes reçoivent sans aucun obstacle les rayons du soleil. Si l'on n'a pas de champ qu'on puisse employer exclusivement à cet usage, on plantera les porte-graines sur les bords des champs de pommes de terre, de betteraves, etc. Aussitôt que les betteraves commencent à monter, on leur couvre la tête de terre; l'un des effets de cette précaution est de les rendre moins sensibles aux gelées. Si, dans la suite, les mauvaises herbes prennent le dessus, ce qui n'est guère à craindre quand les feuilles sont grandes, il faut encore houer profondément le terrain.

Quand on a des porte-graines de différentes sortes, on les place à une assez grande distance l'une de l'autre pour éviter le mélange du pollen, qui produirait des espèces bâtardes, dont on peut rarement tirer un bon parti. Le pollen de la betterave rouge surtout altère d'une manière très-désavantageuse la pureté des autres espèces.

Soins à donner aux porte-graines.

Aussitôt que les pédoncules ont atteint une hauteur d'un pied et demi à deux pieds, on les lie à des perches, et l'on répète cette opération toutes les fois qu'il est nécessaire, pour que ceux qui deviennent très-longs ne soient pas brisés par le vent.

Les jets qui sortent de la tige ne paraissent pas en même temps, mais successivement: de sorte qu'une seule plante porte tout à la fois des graines mûres, des graines vertes, et des fleurs, ou même des boutons aux extrémités de quelques jets. Mais, les graines mûres n'étant pas très-sujettes à tomber, on les laisse jusqu'à ce que la plus grande partie des autres soit devenue jaune et brunâtre, ce qui a lieu vers la fin d'août et le

commencement de septembre. On peut aussi
couper de bonne heure la plupart de ces jets,
et ne laisser que trois ou quatre des meilleurs, pour avoir de la graine plus uniforme.

Récolte de la graine.

Quand la graine est mûre, on coupe les
pédoncules supérieurs, qu'on met, en cas de
besoin, sur des draps pour les lier en petites
bottes avec de la paille, et l'on suspend ces
dernières dans un grenier bien aéré pour
les faire sécher. Ensuite on les égrène en
les frottant avec les mains, et on laisse la
semence qui n'est pas mûre.

La graine, nettoyée avec le van et le
crible, est étendue sur le pavé ou le plancher
d'un grenier bien aéré, en tas de quatre
pouces de hauteur, et remuée de temps en
temps avec la pelle jusqu'à ce qu'elle soit
entièrement sèche, après quoi on la renferme
dans des tonneaux imparfaitement couverts,
ou mieux encore dans de petits sacs. Ces
tonneaux doivent être placés, ou ces sacs
suspendus dans un lieu sec, où la semence
soit exposée le moins possible aux ravages
des souris. La graine, gardée avec les soins
nécessaires, conserve pendant quatre ans
toute sa force germinative; mais le plus sûr
est de n'employer que celle d'un an ou de
deux ans.

Une betterave donne de six à huit onces
de semence. On peut poudrer les plantes
avec de la chaux vive pour en écarter les
limaces, qui se retirent souvent sur les
feuilles de la cime et sur les jets supérieurs.

§ XVI.

PRODUIT DES BETTERAVES.

Les renseignemens recueillis par la Société sur le produit des betteraves, aussi bien ceux qu'elle a reçus des diverses provinces du royaume de Hanovre que ceux qui lui sont venus des pays étrangers, ne présentent pas la moindre uniformité, comme pouvaient le faire présumer les différences qui existent entre les localités ainsi qu'entre les méthodes de culture. La plupart des agriculteurs de notre pays donnent pour produit moyen de cette plante, quand le sol est bien préparé, et qu'elle reçoit tous les soins nécessaires, sept cents à mille quintaux (1) de racines par hectare, et le quart ou le tiers de ce poids en feuilles, lorsqu'on les enlève une ou deux fois avec les ménagemens convenables. Quelques-uns le réduisent à quatre cent cinquante quintaux. D'autres le portent au delà de seize cents, et même à deux mille quatre cents.

Produit des betteraves destinées à la fabrication du sucre.

Quelques soins qu'on apporte à la culture des betteraves destinées à la fabrication du sucre, on ne peut en attendre des produits aussi élevés que ceux que nous venons d'indiquer. On se contente d'une récolte moyenne de six cents quintaux par hectare. Les terres

(1) On entend ici par quintal cent livres de Cologne, valant chacune quatre cent soixante-huit grammes.

consacrées à cette culture dans le nord de la France (1) en rendent l'une portant l'autre six cent soixante quintaux. Une récolte de huit à neuf cents quintaux y est assez ordinaire, et il n'est pas rare de la voir s'élever à mille, et même à douze cents, dans quelques contrées.

§ XVII.

VALEUR DES BETTERAVES.

—

1. *Différentes opinions des agriculteurs hanovriens.*

Les betteraves étant rarement chez nous un objet de commerce, les agriculteurs sont peu d'accord sur leur valeur en numéraire.

Le plus grand nombre croient ne pouvoir la fixer avec exactitude en considérant cette plante isolément, et sans la comparer à d'autres produits. Plusieurs l'estiment, comme fourrage, cinquante à soixante-cinq centimes le quintal; quelques-uns la portent à un prix bien plus élevé. La plupart des agriculteurs pensent que le quintal de feuilles vaut à peu près la moitié de celui de racines; d'autres lui donnent une valeur beaucoup moindre.

Quant à la valeur de la betterave comparée à celle des autres produits, les agriculteurs de notre pays s'accordent à la porter beaucoup plus haut que plusieurs agronomes distingués.

(1) Schubarth, p. 6.

2. *Opinions des agronomes.*

Suivant Thaer et Schnee la puissance nutritive des betteraves est à celle du foin comme 10 est à 46, et à celle des pommes de terre comme 20 à 46. D'après les analyses d'Einhof cinq livres de betteraves ne contiennent pas plus de substance nutritive qu'une livre de foin ou deux livres de pommes de terre.

Il est résulté, au contraire, des expériences pratiques des meilleurs agriculteurs de notre pays que trois livres de betteraves valent, comme fourrage, autant qu'une livre de bon foin ou deux livres de pommes de terre. On établit entre les betteraves et le seigle le même rapport qui existe entre les nombres 1 et 6.

La valeur relative des betteraves dépend beaucoup de l'usage auquel on les destine. Par exemple, elles sont préférables aux pommes de terre pour la nourriture des bêtes à cornes, et surtout des vaches à lait, tandis que les pommes de terre conviennent mieux aux bêtes à laine.

En effet la grande quantité de parties aqueuses contenues dans les betteraves est profitable aux bêtes à cornes, et la matière saccharine influe avantageusement sur la sécrétion du lait; au lieu que les pommes de terre crues produisent souvent un effet contraire, et leur occasionent quelquefois la diarrhée quand elles en reçoivent de trop fortes rations.

Les bêtes à laine ne s'accommodent pas aussi bien d'un fourrage aqueux; et, les pommes de terre contenant beaucoup de substance farineuse, une petite portion de ces tubercules les nourrit mieux que la quantité de betteraves qu'elles pourraient consommer.

3. *Prix des betteraves pour la fabrication du café.*

Les manufacturiers qui achètent les betteraves pour la fabrication d'un café indigène, donnent de 80 centimes à 1 franc 45 centimes du quintal de racines. Il existe des fabriques de cette espèce à Brunswick, à Gifhorn, à Ulzen et dans quelques autres contrées.

4. *Prix des betteraves pour la fabrication du sucre.*

L'établissement de sucreries de betteraves donnerait lieu à la détermination d'un prix qui varierait suivant les circonstances, et qu'on ne peut indiquer d'avance par comparaison avec les autres contrées, à cause de la différence que doit apporter dans ce prix celle des localités. En Bohême le quintal se paie environ 87 centimes. L'alimentation de la nouvelle sucrerie de Gottingue est assurée par des contrats passés entre les fabricans et les cultivateurs. Ceux-ci se sont obligés à livrer leurs betteraves, cultivées par des procédés convenus entre les deux parties, au prix de 81 centimes le quintal. On a garanti à quelques-uns, pour tous les cas, un minimum de 450 fr. par hectare.

5. *Produit net.*

Quel est le produit net d'une pièce de terre employée à la culture des betteraves? Cette question ne peut recevoir une solution générale, les données d'après lesquelles ce produit doit être calculé, et dont les principales sont le prix de ferme et le salaire des ouvriers, variant suivant les localités. Mais chaque cultivateur pourra la résoudre en déduisant du prix de la récolte,

1.º Le fermage, avec les charges accessoires et les impôts;

2.º Le labour;

3.º L'engrais consommé par la récolte;

4.º Le prix des graines ou des plants;

5.º Les journées des ouvriers occupés à planter, houer, arracher et emmagasiner les betteraves;

6.º Le transport;

7.º Les intérêts des fonds déboursés, depuis le moment où ils sortent de la caisse jusqu'à celui où ils y rentrent;

8.º Les frais de surveillance et l'évaluation des pertes imprévues, si les uns et les autres ne sont pas couverts par la valeur des feuilles, déduction faite de ce que coûte l'effeuillage.

Il existe des calculs établis sur ces bases, qui portent le produit net, en moyenne, à 600 fr. par hectare.

Les frais de production, y compris le revenu du sol, s'élèvent, en moyenne, dans les environs de Calenberg, de Gottingue et de Hildesheim, à 300 ou 450 fr., et dans le Lunebourg, à 200 ou 300 fr.

CONCLUSION.

La Société industrielle, mettant à profit les renseignemens qu'elle est parvenue à se procurer, a réuni dans cet ouvrage tout ce qu'ils contenaient de réellement utile sur la culture de la betterave en général et sur celle de la betterave destinée à la fabrication du sucre en particulier. Elle offre ainsi un résumé de toutes les indications données jusqu'à présent sur cet objet, en omettant seulement celles dont l'expérience n'a pas démontré les avantages. L'extension de cette culture et la multiplication probable des fabriques de sucre indigène pourront toutefois apporter de nouveaux perfectionnemens à la branche d'économie rurale dont elle s'est occupée. Si quelques lecteurs croyaient remarquer dans ce petit traité des lacunes ou des détails trop étendus, ils sont priés de considérer combien il est difficile de donner un ouvrage où chacun trouve exactement et uniquement ce qu'il désire, les uns se plaignant de la superfluité dans un article auquel d'autres reprochent le défaut contraire.

Cette instruction étant destinée à recevoir une très-grande publicité, on a dû avoir surtout en vue de la rendre intelligible pour tout le monde, et principalement pour les petits cultivateurs. La Société se flattera d'avoir atteint le but qu'elle s'est proposé, si son travail donne lieu à de nouvelles recherches dont les résultats contribuent à propager de plus en plus la culture des betteraves.

APPENDICE.

MANIPULATION DU SUC DE LA BETTERAVE DANS LES MÉNAGES, *par* M. BRANDE, *Commissaire en chef des mines* (1).

L'EMPLOI du gypse pour la clarification du suc de la betterave, indiqué dans la neuvième livraison de ces Communications, ayant été soumis par la direction de la Société industrielle à plusieurs essais en petit et en grand qui lui ont donné les résultats les plus satisfaisans, elle peut dès à présent, tout en continuant ses expériences, faire connaître aux cultivateurs les procédés infaillibles et peu dispendieux au moyen desquels ils pourront se procurer pour leurs ménages un sirop et un sucre de bonne qualité.

On trouvera dans une instruction (2) publiée séparément par la Société ce qu'il est nécessaire de savoir sur la culture et la conservation des betteraves. Les râpes ordinaires suffisent quand on n'a qu'une petite quantité de betteraves à diviser ; mais si elle est considérable, il faut employer une râpe cylindrique dont la description se trouve dans les ouvrages qui traitent de la fabrication du sucre indigène (3). Dans les ménages où l'on ne s'occupe qu'acces-

(1) Cet article est extrait des Communications de la Société industrielle du royaume de Hanovre, 11.ᵉ livraison.

(2) Celle qui précède.

(3) La figure et la description de cette machine ont été ajoutées à la suite de cette traduction.

soirement de la manipulation du suc de betteraves, une pression complète n'étant pas nécessaire, parce que le marc, avec tout ce qu'il contient, y est utilisé sans aucune perte , l'extraction peut s'opérer avec un pressoir ordinaire.

Divers objets dont il faut se pourvoir avant de commencer les opérations.

1. *Gypse.* Il doit être moulu le plus fin possible. Quoique le gypse cru puisse servir, le cuit est préférable à cause de la finesse de la poudre.

2. *Chaux.* On place des pierres calcinées dans un chaudron, et l'on verse dessus la quantité d'eau qu'elles peuvent retenir. Quand la chaux est éteinte, on conserve la poudre dans des bouteilles sèches et coiffées. Si, ayant reçu trop d'eau, elle est humide, on la fera sécher dans un chaudron, sur un feu doux, avant de la renfermer dans les bouteilles.

3. *Acide phosphorique.* On met deux livres de poudre d'os blanchis par la combustion et cinq livres d'eau dans un pot de grès contenant environ huit litres, et l'on y verse ensuite peu à peu, par demi-once, en remuant continuellement avec un bâton, une livre d'huile de vitriol qu'on a soin de ne pas laisser couler aux parois du vase ou le long du bâton. On remue de temps en temps ce mélange, on y ajoute au bout de deux jours six livres d'eau, et l'on place le tout sur un linge d'où la plus grande partie de l'acide phosphorique liquide coule dans

un vase, après quoi on en fait sortir encore une quantité considérable par la pression. L'acide phosphorique se garde en bouteilles.

4. *Papier jaune.* C'est du papier collé auquel on a donné une couleur jaune avec une décoction de racines de curcuma.

5. *Papier bleu.* On lui donne cette couleur au moyen d'un extrait de tournesol.

6. *Papier rouge.* On l'obtient en humectant le précédent avec de l'eau à laquelle on a ajouté un peu d'acide phosphorique, et en le faisant sécher ensuite.

Ces papiers, qu'on emploie par bandes de deux pouces de longueur et de six lignes de largeur, se trouvent dans les pharmacies.

7. Un *thermomètre* construit de manière à pouvoir servir pour connaître la température des liquides, et dont l'échelle s'élève jusqu'à 90 degrés Réaumur.

Préparation du sirop.

Le jour même de l'extraction du suc on le verse dans un chaudron bien nettoyé, qu'on n'emplit qu'aux trois quarts; on y mêle du gypse en poudre à raison de six onces par hectolitre; on le chauffe peu à peu, en remuant seulement dans les premiers instants; et, quand il bout faiblement, on entretient cette ébullition jusqu'à ce qu'un petit échantillon dégoutte parfaitement clair à travers un filtre de papier sans colle, ce qui arrive au bout de cinq à dix minutes. Dans un verre à vin le liquide écoulé paraît d'un vert de bouteille plus ou moins foncé. Alors on ôte le feu de dessous le chaudron, puis on écume, et l'on verse le liquide, à mesure qu'il s'éclaircit, dans un filtre de laine où l'on reverse ce qui s'est écoulé jusqu'à ce qu'il paraisse clair dans une cuiller. Enfin l'on y met aussi le dépôt; la plus grande partie du liquide qu'il contient encore passe si rapidement, qu'on peut négliger le reste pour continuer le travail pendant que le suc est encore chaud.

Le liquide, remis dans le chaudron nettoyé, est bien remué avec de la chaux éteinte à raison de trois onces par hecto-litre, et chauffé lentement jusqu'à 65 ou 70 degrés Réaumur. On entretient la chaleur à ce point pendant un quart d'heure; et dans cet intervalle on examine si un mor-ceau de papier jaune, plongé et laissé quelques instans dans le suc, y prend une couleur brune, et la conserve d'une manière remarquable après avoir été séché sur une tuile chaude. Si le papier ne change pas de couleur, ou si elle se rétablit par la dessic-cation, il faut ajouter de la chaux à raison de six gros par hectolitre, et répéter cette augmentation jusqu'à ce que le liquide pro-duise l'effet que nous venons d'indiquer, et soit d'un jaune vineux après avoir passé par du papier sans colle. Si l'échantillon, en sortant du papier sans colle, a un aspect verdâtre, on peut en conclure que la dose de chaux n'est pas assez forte. Trois onces de cette poudre suffisent pour un hectolitre de jus de betteraves fraîches; mais il en faut davantage à mesure que l'époque de la ré-colte s'éloigne, et la quantité nécessaire peut s'élever jusqu'à six onces, et même plus. Quand la chaux a donné le résultat désiré, on verse le contenu du chaudron dans un reposoir pourvu de quatre robinets dont le premier est immédiatement au dessus du fond, et dont les distances vont en augmentant. Là se terminent les opérations du premier jour.

Le lendemain on tire le liquide par portions, en commençant par le robinet du haut, et l'on passe celles qui ne sont pas assez claires, puis le dépôt, dans un filtre de toile.

On remet dans le chaudron le liquide éclairci, et on le fait cuire promptement. Quand il est réduit à peu près d'un quart, on examine l'effet qu'il produit sur le papier jaune. Lorsqu'après y avoir été plongé quelques instans, ce papier en sort décidément brun, ce qui arrive ordinairement, on ajoute de l'acide phosphorique dans le suc à raison d'une once et demie par hectolitre, et l'on répète cette dose jusqu'à ce que le papier jaune s'y brunisse à peine, sans que néanmoins le liquide ait acquis la propriété de rougir le papier bleu, ce qui indiquerait une trop forte addition d'acide phosphorique. On corrige ce dernier défaut, qui aurait des suites très-désavantageuses, en mêlant de la chaux éteinte au liquide bouillant, par demi-cuillerées à thé pour un hectolitre, jusqu'à ce que le papier bleu ne prenne plus de couleur rouge. On évitera toutefois de tomber dans l'excès contraire, qui se reconnaît à la coloration du papier jaune en brun. Il faut viser à un juste milieu, auquel on est parvenu quand le suc brunit fort peu le papier jaune, et bleuit décidément le papier rouge.

Le liquide est alors tout-à-fait trouble; on le fait cuire jusqu'à ce qu'il soit réduit à un quart de la quantité primitive, après quoi on le verse dans un reposoir qui ne diffère du précédent qu'en ce qu'il est plus petit, et proportionnellement plus étroit. On le tire peu à peu au bout de douze heures, puis on passe d'abord le clair, et ensuite le dépôt, dans un filtre de laine. Quand le suc, après cette opération, est suffisamment clarifié, il présente l'aspect du vin de Malaga. S'il est encore un peu louche, on fera disparaître ce défaut par des filtrations réitérées.

On met le liquide dans un poêlon plat, sur un feu modéré; on le remue continuellement; et, quand on l'a fait ainsi évaporer jusqu'à ce qu'on obtienne un sirop peu épais, on le verse dans des pots de grès où on le laisse reposer pendant huit jours. Une seconde opération semblable à la précédente donne à la partie claire de ce premier sirop la consistance désirée. Ce sirop, bien éclairci par le repos, est très-beau, et n'a aucun goût hétérogène. Sa couleur est celle du porter.

Conversion du suc de betteraves en sucre brut.

On peut amener le suc de betteraves à l'état de sucre brut, soit en cuisant le produit de la dernière filtration, soit en soumettant le sirop même à un travail ultérieur.

Dans le premier cas on fait réduire le liquide jusqu'à ce que le terme de l'ébullition s'élève à 87 degrés, puis on le verse dans des vases de grès qu'on dépose dans un endroit frais, et on le remue de temps

en temps avec modération au moyen d'un
bâton. S'il est suffisamment cuit, la crystallisation s'opère pendant le refroidisse-
ment, et le suc prend peu à peu la consistance d'une bouillie grenue et très-épaisse.
Si, au contraire, sa fluidité se trouve aug-
mentée au bout de quelques jours, on mettra
les vases dans une étuve jusqu'à ce qu'il
soit parvenu au degré de concentration désiré, ce dont on s'assurera en en faisant
refroidir une petite quantité; ou bien on
le reversera dans un poêlon, et l'on achèvera
l'évaporation au moyen d'un feu modéré,
en ayant soin de remuer comme précédemment. Il est essentiel, pour la bonne
qualité du sucre brut, que la bouillie ob-
tenue par la dernière opération soit bien
grenue. Afin d'arriver à ce but, il faut, quand
on a porté le suc au degré de concentration nécessaire pour la séparation du sucre,
le remuer avec un peu de précaution :
un remuage modéré contribuant beaucoup
à la formation de la substance grenue;
tandis qu'un remuage continuel et trop
rapide précipite l'affermissement de la bouillie, et peut lui faire prendre tout-à-coup
une consistance pâteuse qui rend impossible l'extraction de la mélasse.

Pour opérer cette extraction, il faut em-
plir de bouillie grenue des pots à fleurs
dont le fond soit couvert intérieurement de
nattes, et les placer, sur d'autres vases, d'a-
bord dans un endroit frais. Lorsqu'au bout
de huit à quinze jours l'écoulement d'un liquide brun-noirâtre et visqueux a presque
cessé, on mêle, en le broyant, ce qui reste

dans les pots, et on les met, sur les vases inférieurs préalablement vidés, dans un lieu chaud, où on les laisse jusqu'à la cessation d'un nouvel écoulement. On fait sécher sur des plaques de tôle, au moyen d'une chaleur modérée, le sucre brut obtenu de cette manière. Sa couleur est celle de la terre glaise, et sa forme celle d'une poudre à gros grains. Les soins ordinaires suffisent pour le conserver sec. Sa douceur est accompagnée d'un goût hétérogène un peu âpre, qui ne permet guère de le substituer immédiatement dans tous les cas au sucre du commerce.

La seconde méthode consiste à exposer des vases de grès remplis de sirop à une chaleur continuelle et modérée dans une étuve, et à le remuer plusieurs fois par jour. La crystallisation commence au bout de quelque temps, et arrive insensiblement au degré nécessaire pour l'extraction de la mélasse, qui s'exécute de la manière que nous venons d'indiquer. Le sucre ainsi obtenu est moins coloré que le précédent, et d'une douceur sans mélange, qui permet de l'employer immédiatement.

On peut retirer encore du liquide brun qui s'est écoulé des pots à fleurs une certaine quantité de sucre solide en le plaçant, sur des vases plats, dans une étuve, jusqu'à l'accomplissement d'une nouvelle crystallisation, qui s'opère avec lenteur, après quoi on verse le tout dans une passoire qu'on met dans un endroit humide, et on le remue de temps en temps. La mélasse s'écoule peu à peu, et ce qui reste dans la passoire peut être versé dans un pot à fleurs que l'on couvre, et qu'on place dans un lieu chaud pour achever la séparation.

Il paraît qu'on a trouvé un procédé bien simple pour raffiner le sucre brut. On a exposé cette substance à l'air humide dans un pot à fleurs, après en avoir fait écouler la mélasse dans un lieu chaud. Au bout de quinze jours le sucre était moins coloré à la surface, et le vase avait recommencé à couler. Quinze jours plus tard le dessus était entièrement blanc, et la décoloration avait pénétré à une grande profondeur. L'air humide a produit ainsi l'effet qu'on obtient ordinairement en couvrant le sucre d'argile humide. Si la bonté de cette méthode était confirmée par l'expérience, elle offrirait l'avantage de pouvoir être mise en pratique par les personnes les moins exercées. Il suffirait, suivant toute apparence, de mettre les pots alternativement dans la cave et dans un lieu chaud jusqu'à ce que le sucre eût le degré de pureté désiré.

Epreuve du suc.

Une mauvaise culture pouvant rendre impropres à la fabrication du sucre et du sirop les betteraves de la meilleure espèce, il est nécessaire de les éprouver avant de les employer à cet usage.

Voici la manière de procéder à cette épreuve :

Versez un demi-litre de suc de betteraves fraîches dans une bouteille de verre blanc, ajoutez un gros de gypse, secouez le mélange pendant dix minutes, et mettez la

bouteille dans de l'eau bouillante. Quand
la coagulation sera opérée, ce qui arrive
au bout d'une heure, passez le suc dans
un filtre de papier sans colle, ajoutez au
liquide écoulé un demi-gros de chaux,
et reversez - le dans la bouteille préalablement nettoyée, remettez celle-ci dans l'eau
bouillante, et laissez-l'y pendant une heure.
Filtrez une seconde fois; remuez le liquide
en y répandant de l'acide phosphorique
goutte à goutte jusqu'à ce qu'il cesse de
brunir le papier jaune; chauffez une troisième fois le suc, qui est alors extrêmement
trouble, et filtrez-le comme précédemment:
vous aurez alors le sucre à son premier
degré de concentration. Les betteraves de
bonne qualité le donneront peu coloré, et
d'une douceur agréable. Mettez - en une
certaine quantité, quatre onces, par exemple,
dans un petit vase, et faites-la évaporer
lentement, dans un tuyau de poêle, jusqu'à
consistance de sirop; exposez le résidu à
une chaleur très-douce, en le remuant de
temps en temps : vous obtiendrez ainsi une
matière sèche dont la quantité et la qualité
vous feront connaître la bonté des betteraves. Celle qui provient de bonnes racines
est crystalline, grenue, résiste assez bien
à l'action de l'air, est peu colorée, quelquefois presque blanche, d'un goût doux et
agréable, mais souvent un peu salé. Si, au
contraire, la dessiccation ne donne qu'une
substance gommeuse et où le goût du se
domine, il faut rejeter les betteraves comme
impropres à la fabrication du sucre. On ne
devrait prendre pour faire du sirop que les

meilleures racines: car il conserve tous les principes accessoires du suc clarifié, qui influent plus ou moins sur sa qualité.

De quatorze échantillons de la dernière récolte, provenans tous de graine de Silésie semée dans diverses contrées, deux seulement n'ont pas présenté les conditions désirables. Le suc clarifié des douze autres a rendu 12 à 16 pour 100 de matière saccharine contenant, en sucre, des deux tiers aux trois quarts de son poids. Si le rapport du saccharin au suc clarifié est inférieur à 10 pour 100, il faut tirer un autre parti des betteraves. Les personnes qui ont à leur disposition les moyens nécessaires pour déterminer le poids spécifique du suc clarifié, pourront, sans pousser plus loin leurs opérations, savoir très-approximativement la quantité de saccharin qu'il contient, en multipliant par 2,5 l'excédant de ce poids sur celui de l'eau distillée. Si, par exemple, le poids spécifique du suc est 1,048, multipliez 0,048 par 2, 5 : le produit est 0,12 : ainsi le suc contient 12 pour 100 de matière saccharine.

Les betteraves vieilles et flétries, dont le suc s'est concentré plus ou moins pendant la conservation, ne conviennent point pour les essais comparatifs.

Observations chimiques.

Une solution de sucre pur exposée constamment à la chaleur de l'ébullition reste incolore; mais le sucre éprouve une autre espèce de changement, qui est la perte partielle ou totale de sa crystallisabilité; et cette transformation s'opère d'autant plus promptement que le terme de l'ébullition est plus élevé.

Si l'on fait bouillir une solution rendue alcaline au moyen de la chaux, le sucre n'éprouvera long-temps aucune altération; mais il paraît qu'une chaleur plus forte lui fera perdre également sa crystallisabilité.

L'ébullition altère promptement la douceur du sucre dans une solution faiblement acidulée, et le change peu à peu en produits colorés.

Le plus considérable des élémens accessoires du suc de betteraves clarifié est une substance infermentescible qui se dissout facilement dans l'esprit-de-vin aqueux, très-imparfaitement, ainsi que le sucre, dans l'alcohol pur, et qui n'est pas précipitée par l'acétate de saturne. Sa quantité, dans les bonnes betteraves, ne dépasse pas un tiers de celle du suc.

Le suc clarifié contient cette substance dans un état incolore que l'ébullition altère fort peu si le liquide est neutre. La présence de chaux libre la change en produits colorés et d'un goût désagréable. Une chaleur très-forte, sans autre cause, opère la même transformation.

Ces observations doivent servir de guide pour la manipulation du suc de betteraves.

Il faut donc avant tout garantir des acides libres le suc qu'on veut épaissir. L'acidité naturelle qu'il conserve encore après la clarification au moyen du gypse ne présente du reste aucun inconvénient.

Pour que le sucre ne subisse pas de

changement, l'évaporation doit être opérée au moyen d'une chaleur fort douce, et en même temps avec célérité, autant qu'on peut remplir à la fois ces deux indications.

Afin d'empêcher la formation de produits colorans et désagréables au goût, il faut que le suc soit alcalisé le moins possible, surtout quand on veut le convertir en sirop, qui ne se débarrasse point de ces élémens. On enlèvera donc l'ammoniaque introduit dans le liquide par la clarification au moyen de la chaux, en y ajoutant, après l'avoir fait réduire un peu, une certaine quantité d'acide phosphorique, remède innocent et peu dispendieux, offrant en outre l'avantage de donner un précipité qui emporte une partie du principe colorant. L'acide sulfurique, le nitre, le sel gemme mélangé d'argile grise, essayés dans la même vue, n'ont pas eu d'aussi bons résultats.

Un suc de bonne qualité, manipulé exactement d'après ces principes, a rendu un sucre brut excellent, peu coloré, et une petite quantité de mélasse également peu colorée, et dont le goût n'était pas désagréable.

Sans doute la nécessité d'opérer avec économie ne permettra pas toujours de les suivre dans toute leur rigueur; mais on ne pourra dans aucun cas en méconnaître la justesse.

Procédé *inventé par* M. Schuzembach, *dans le grand-duché de Bade,* pour l'extraction du sucre de betteraves.

Ce procédé, qui fait tant de bruit en Allemagne, consiste à couper les betteraves en quartiers, à les sécher dans des fours, à les réduire ensuite en poudre, à délayer cette poudre lorsqu'on veut en tirer le sucre, enfin à séparer le sirop obtenu du marc sous la presse.

Cette nouvelle méthode, simple et ingénieuse, doit offrir incontestablement des avantages sensibles sur l'ancien procédé en usage chez nous : elle mérite assurément toute l'attention des fabricans.

Il est difficile d'imaginer la réunion dans le même local d'un nombre de fours suffisant pour pouvoir sécher en l'espace de quelques mois la quantité de betteraves nécessaire pour alimenter en matière sèche un établissement de quelque importance pendant toute l'année ; et c'est cependant là que siége tout le mérite de l'invention de **M. Schuzembach.**

Il nous semble qu'une étuve chauffée à l'air chaud à un haut degré, munie de ventilateurs qui renouvelleraient constamment l'air, où les quartiers de betteraves se trouveraient rangés sur des châssis garnis de toile, offrirait le moyen de les sécher promptement et sans leur faire éprouver d'altération. — Une telle étuve, proportionnée au besoin du moment, permettrait un meilleur résultat, tout en offrant une grande économie de combustible, et réduisant considérablement les premiers frais d'établissement.

Quant à la machine à broyer la betterave sèche, et la presse pour en séparer la matière sucrée, ce sont là des outils tellement connus et si généralement employés dans les manufactures, qu'il devient inutile d'en faire la description. Chacun choisira le système de ses sortes de machines qu'il jugera le plus convenable.

Reste la question du meilleur dissolvant. — Est-ce bien l'alcohol qu'emploie **M. Schuzembach** pour la macération de la poudre sèche? Nous ne pouvons rien décider à ce sujet, *parce qu'on ne peut pénétrer dans les ateliers d'Ettlingen*, et qu'on garde le plus profond secret à ce sujet ; mais cette question ne saurait jamais présenter de difficultés sérieuses : quelques expériences auront bientôt mis le fabricant sur la bonne voie.

S'il faut de l'alcohol, le marc fermenté doit le fournir en suffisante quantité à la distillation, et sans grande dépense.

Nous engageons les fabricans à réfléchir s'ils ne trouveraient pas un grand avantage à assimiler le nouveau procédé de **M. Schuzembach** à celui qui est en pratique aujourd'hui, afin que, tout en opérant sur la betterave verte, ils pussent sécher et conserver sans crainte d'altération.

DESCRIPTIONS D'UNE MACHINE A RAPER ET D'UN CYLINDRE A LAVER, *extraites de l'ouvrage allemand de* J.-H.-M. POPPE *sur la fabrication du sucre de betteraves.*

1. *Machine à râper* (fig. 1 et 2).

DES bras fixés autour d'un axe horizontal sur cinq points de sa longueur portent autant d'anneaux de forte tôle maintenus par des vis, et formant un cylindre *a*, qui est en outre fermé par les deux bouts. Sur ces anneaux sont vissées des bandes de fer au nombre de cent, dont la surface extérieure est garnie de dents semblables à celle d'une scie. Ces bandes, placées dans une position parallèle à celle de l'axe, c'est-à-dire à peu près comme les douves d'un tonneau, ont chacune quarante-huit dents hautes d'une ligne et demie, et séparées par des intervalles aussi d'une ligne et demie. A l'une des extrémités de l'axe du cylindre est un pignon *b*, qui s'engrène dans un hérisson *c*, mu au moyen d'une manivelle *d*. A l'autre extrémité est un balancier *h*, ayant pour objet de faciliter le mouvement. On place les betteraves dans un auget *e*, pour les mettre en contact avec la râpe. Le cylindre est surmonté d'une couverture en tôle *f*, qui lui est concentrique. Une grande caisse doublée d'étain *g*, reçoit les betteraves divisées. La machine doit être fixée solidement sur la charpente *i i i*, destinée à la soutenir. Ce cylindre, mis en mouvement par un cheval, fait 500 révolutions dans une minute, et peut râper 6000 livres de betteraves dans une heure.

2. *Cylindre à laver* (fig. 5).

a, grand cylindre creux et à jour.

b, porte à jour.

c, grand vase ayant une bonde au fond, et sur lequel est posé le cylindre.

d, *e*, tourillons du cylindre.

La ligne horizontale ponctuée marque la hauteur de l'eau dans le vase.

On met dans le cylindre les betteraves qu'on veut laver, en laissant assez de vide pour qu'elles puissent changer de place à mesure qu'on le fait tourner au moyen d'une manivelle. On remplace l'eau sale après l'avoir fait écouler, et l'on répète cette opération jusqu'à ce que l'eau ne soit plus salie par les racines.

FIN.

TABLE.

—

APPENDICE.

FIN DE LA TABLE.

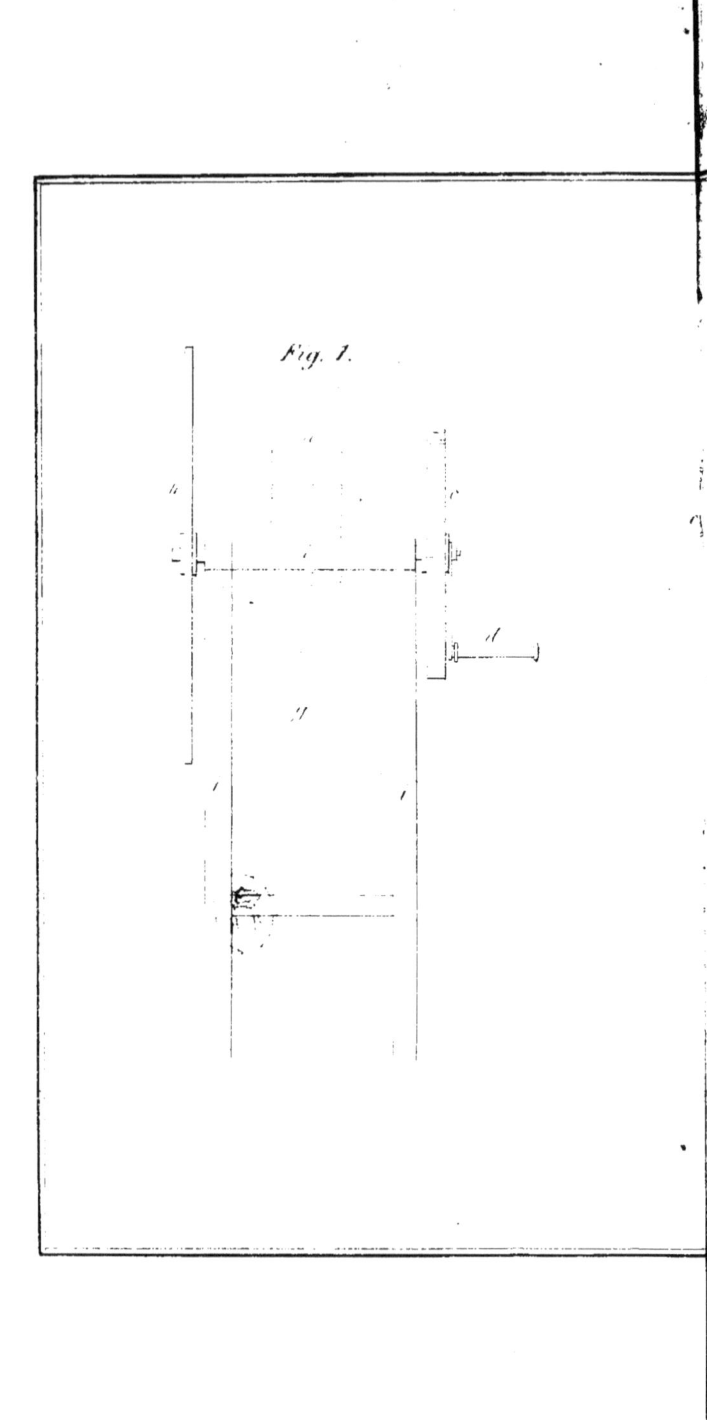

Fig. 1.

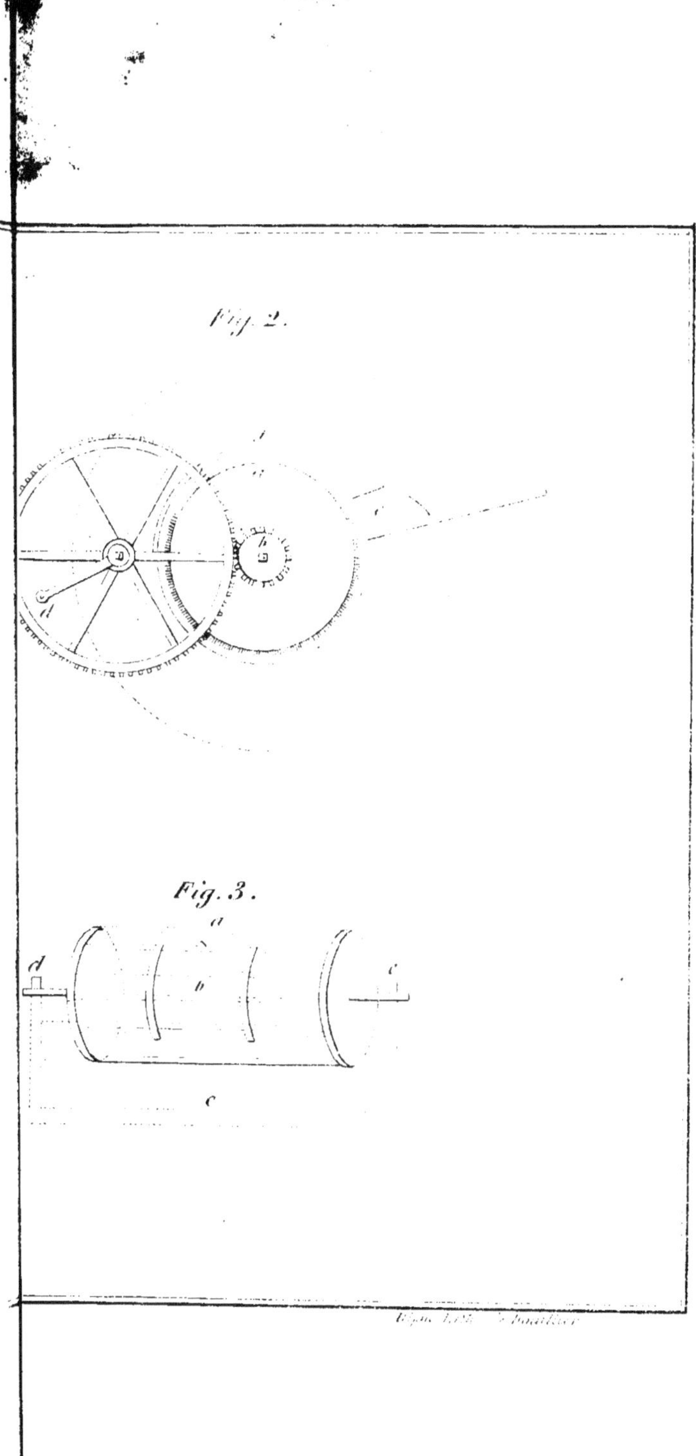

Fig. 2.

Fig. 3.

d
a
b
c
e
c